Philipp G. Rosengarten/Christoph B. Stürmer

Premium Power

Philipp G. Rosengarten/Christoph B. Stürmer

Premium Power

*Das Geheimnis des Erfolgs
von Mercedes-Benz,
BMW, Porsche und Audi*

WILEY-VCH Verlag GmbH & Co. KGaA

1. Auflage 2004

Bibliografische Information Der Deutschen Bibliothek
Die Deutsche Bibliothek verzeichnet diese
Publikation in der Deutschen Nationalbibliografie;
detaillierte bibliografische Daten sind im Internet
über <http://dnb.ddb.de> abrufbar.

© 2004 WILEY-VCH Verlag GmbH & Co. KGaA,
Weinheim

Satz   Typomedia GmbH, Ostfildern
Druck und Bindung   Ebner & Spiegel GmbH, Ulm
Umschlaggestaltung   init GmbH, Bielefeld
Cover   Bildquelle Daimler Chrysler AG

Printed in the Federal Republic of Germany.

ISBN   3-527-50096-0

Dieses Buch ist Bertha Benz, der Mutter der Premium-Automarken, gewidmet – ihre erste Fernfahrt der Automobilgeschichte war 1888 das entscheidende Premiummarketing für den Durchbruch der epochalen Innovation Automobil.

IN MEMORIAM HELMUT WERNER
1936–2004

Inhalt

Vorwort

Dieses Buch ist Ergebnis der Arbeit von vielen Personen – bei den wichtigsten wollen wir uns namentlich bedanken.

Dazu zählt der große Einsatz von Melanie Rosengarten, die entscheidend geholfen hat, unsere Gedanken und Ideen in Worte zu kleiden – ohne sie wäre dieses Buch niemals entstanden. Besten Dank für die Hilfe von Regina Eisele von Connecting Team, die einen entscheidenden Beitrag zur Fokussierung des Buchprojektes geleistet hat. Des Weiteren sei gedankt Bettina Querfurth und Melanie Müller vom Verlag Wiley-VCH, die geholfen haben, aus diesem Buch ein innovatives Premiumprodukt zu machen.

Auch wollen wir uns herzlich bei allen aktiven und ehemaligen Vorständen und Mitarbeitern aus der deutschen Automobilindustrie bedanken, die uns wertvolle Einsichten gewährt haben. Für die professionelle Hilfe der Presseabteilungen von Audi, BMW, Mercedes-Benz und Porsche sei noch einmal ausdrücklich gedankt, insbesondere für das freundlich zur Verfügung gestellte Bildmaterial.

Wir möchten betonen, dass dieses Buch ohne die im Zuge unserer Tätigkeit als Automobilanalysten bei der Global Insight Automotive Group (ehemals Standard & Poor's DRI Automotive Group) gewonnenen Einsichten nicht möglich gewesen wäre. Alle Analysen und Erkenntnisse stellen aber ausschließlich die persönliche Meinung der Autoren dar, nicht aber die offizielle Meinung oder Prognosen der Global Insight Automotive Group, die auch nicht verwendet wurden.

Dieses Buch wurde mit größtmöglicher Sorgfalt und nach besten Wissen und Gewissen recherchiert und verfasst. Für die Informationen, Einsichten und Erkenntnisse in diesem Buch wird keine Gewähr und Haftung übernommen. Hinweise auf eventuell erforderliche Korrekturen für die nächste überarbeitete Auflage sind aber stets willkommen.

Wir hoffen, durch diese Arbeit zum Verständnis und somit letztlich auch zur Stärkung der deutschen Premiummarken beizutragen, damit diese ihre international führende Position auch in Zukunft mit faszinierenden Marken und innovativen Produkten ausbauen können.

Frankfurt, im August 2004

Philipp G. Rosengarten und Christoph B. Stürmer

Einleitung

»Geiz ist geil?« – von wegen! Es gibt in Deutschland einen klaren Trend zu Premiumprodukten, der auch in der Automobilindustrie deutlich zu erkennen ist: so war 2002 und 2003 die BMW 3er-Reihe nach dem VW Golf das zweitbest verkaufte Auto. Echte Premiummarken schlagen ihre Konkurrenten um Längen in Umsatzwachstum und Gewinnmarge. Doch was steckt eigentlich hinter der Überlegenheit dieser Premium-Autohersteller?

Dieses Buch *Premium Power* schildert die eindrucksvolle Erfolgsgeschichte der vier deutschen Premium-Automarken Mercedes-Benz, BMW, Porsche und Audi, besonders in den letzten zehn Jahren. Als Autoanalysten bei der Global Insight Automotive Group, vormals Standard & Poor's DRI Automotive Group konnten wir die Erfolgsgeschichte der deutschen Premium-Automarken in den letzten zehn Jahren aus nächster Nähe verfolgen – mit allen Gemeinsamkeiten und Unterschieden.

Am Anfang dieses Buches erklären wir, welche Eigenschaften eine Premiummarke auszeichnen: die Innovationsfähigkeit, die Markentreue der Kunden, die Stärke im Heimatmarkt, die Globalität der Marke und der geringe Wertverlust der Autos. All diese Elemente führen dazu, dass Premiummarken einen Premiumpreis verlangen können, der über dem Durchschnitt vergleichbarer Angebote liegt.

In den darauf folgenden vier Kapiteln beschreiben wir die Premiummarken BMW, Mercedes-Benz, Porsche und Audi in der Reihenfolge ihrer Auftritte auf der weltweit größten Automobilmesse IAA 2003 in Frankfurt. Die im Titel des Buches gewählte Reihenfolge der Marken leitet sich allerdings aus der Folge der historischen Gründung der Marken in ihrer jetzigen Gestalt her. Die deutschen Premium-Automarken zeigen, dass eine Premiummarke nur dann dauerhaft Erfolg hat, wenn sie in einigen den Kunden wichtigen Dimensionen immer wieder Innovationen entwickelt, darin den

Konkurrenten überlegen ist, und diese Innovationen durch Marketing ihren Kunden als begehrenswerte Eigenschaften ins Bewusstsein bringt.

Wir vergleichen die vier deutschen Premium-Automarken und entwickeln die Premiummarken-DIS-Matrix zur Definition der Eigenheiten der einzelnen Premium-Automarken in den Dimensionen Design, Innovation und Schnelligkeit (Speed). Diese DIS-Matrix ist aber auch für andere Unternehmen und Industrien anwendbar. Die automobilspezifische Sektor-Dimension »Schnelligkeit« muss dazu dem jeweiligen Industriesektor angepasst werden.

Wir diskutieren, wer in der Automobilindustrie Chancen hat, eine Premiummarke zu werden oder welcher Hersteller schon eine Fast-Premiummarke darstellt, oder eine Luxusmarke, die man in einen europäischen und amerikanischen Luxus unterteilen kann.

Des Weiteren zeigen wir die Erfolgsfaktoren und die Herausforderungen für Premiummarken auf, die nicht nur für die Automobilindustrie gelten, sondern auch für alle anderen Industrien. Auf diese weiteren Erkenntnisse für andere Industrien gehen wir dann in unserem letzten Kapitel ein.

Unser Buch weist Parallelen zu *Auf der Suche nach Spitzenleistungen* von Thomas J. Peters und Robert H. Waterman auf, die 1982 die besten US-amerikanischen Unternehmen in verschiedenen Industrien analysierten. Im Fokus unseres Buches sind dagegen nur die vier deutschen Premium-Automarken, die alle durch einzigartige Ausprägungen in den Dimensionen der Premiummarken DIS-Matrix gekennzeichnet sind. Auch wenn man diese nicht direkt kopieren, sondern nur der Situation angepasst interpretieren kann, ist von den vier Premium-Autoherstellern viel zu lernen, was wir zeigen werden.

Im Herbst 1990 bescheinigte *The Machine That Changed the World* von James P. Womack und Daniel T. Jones (1991 auf deutsch als *Die zweite Revolution in der Autoindustrie* erschienen) den deutschen Autoherstellern einen deutlichen Qualitäts- und Produktivitätsrückstand gegenüber japanischen Autoherstellern. Mit welcher Strategie haben es die deutschen Premium-Automarken Mercedes-Benz, BMW, Porsche und Audi geschafft, trotz dieses Rückstands in den letzten zehn Jahren eine weltweit überlegene Wettbewerbsposition aufzubauen? Wir wollen aufzeigen, was das Geheimnis ihres Erfolgs ist.

Für den wissenschaftlich interessierten Leser erklären wir im Anhang, wie sich die globale Autoindustrie in den letzen zehn Jahren immer stärker in Premiummarken und Volumenmarken differenziert hat. Einerseits beleuchten wir das Thema von Michael Porters Wettbewerbsstrategien-Modell aus und erklären, wie Lean Production und Premium Power zusammen passen. Andererseits erklären wir anhand der Transaktionskostentheorie das Phänomen der Premiummarken und warum Premiummarken auch Premiumpreise verlangen können.

Kapitel 1
Was ist eine Premium-Automarke?

Wir schweben mit 210 Stundenkilometer über die Autobahn, zu einem Kunden aus der Automobilindustrie in Stuttgart. Die über 200 Stundenkilometer empfinden wir als angenehme Reisegeschwindigkeit, bei der man bequem die Zeitung lesen oder dösen kann. Unser Kollege von der Sales-Abteilung sitzt am Steuer des 5er BMW Touring, der trotz der hohen Geschwindigkeit exzellent auf der Straße liegt. Von einem anderen BMW, Mercedes oder Audi werden wir selten überholt, aber ab und zu von einem Porsche. Diese vier Premiummarken sind Thema unseres Buches, doch woher genau kommen sie?

Herkunft und Geschichte der Premium-Automarken

Die Premiummarken in der Automobilindustrie finden ihren Ursprung in den sechziger und siebziger Jahren des zwanzigsten Jahrhunderts. Bei der Etablierung der deutschen Premium-Automarken haben Mercedes-Benz und BMW eine entscheidende Rolle gespielt, worauf wir näher eingehen werden.

Die Welt der Automobilmarken war in der Nachkriegszeit ganz klar geordnet. Es gab einerseits die traditionellen Luxusmarken wie Mercedes-Benz, Rolls-Royce, Bentley und Cadillac, andererseits gab es die so genannten Massenhersteller wie Volkswagen (VW), Opel, Ford und Fiat. Die Luxushersteller bedienten die Luxuswagensegmente, wie Chauffeurlimousinen, Sportwagen und Cabriolets, während die Massenhersteller sich mit der Motorisierung des »kleinen Mannes« befassten. Diese produzierten den viel geliebten VW Käfer, den Ford Taunus, den Opel Kadett und den Fiat 131.

Luxus- und Massenmarktsegmente waren in mehreren Dimensionen klar voneinander getrennt: Preis, Komfort und Qualität zeigten erhebliche Differenzen auf, die für jeden Autokenner sichtbar, und für jeden Betrachter einfach nachvollziehbar waren.

In den Zeiten stark wachsender Mobilitätsbedürfnisse waren in beiden Marktsegmenten ausreichende Wachstumsraten sichergestellt, sodass sich die Hersteller innerhalb ihres jeweils angestammten Wettbewerbsumfelds allmählich weiterentwickeln konnten. Durch die Konzentration der Marktmacht wurden Kundenerwartungen dann auch erfolgreich gemanagt. Diese einfache und klare Trennung der automobilen Welt in ein »oben« und ein »unten« wurde während der Ölkrisen der siebziger Jahre massiv erschüttert.

Mit einem Mal war es überhaupt nicht mehr so, dass die Luxusfahrzeuge in jeder Hinsicht besser waren, denn sie zeigten erhebliche Schwächen und einen Entwicklungsstillstand bei Verbrauch, Sicherheit und Technologie. Die ersten Versuche der Luxushersteller, diesen Vorwürfen zu begegnen, führten in unterschiedliche Richtungen. Während sich Rolls-Royce und Bentley in die Nische der absoluten Super-Elite zurückzogen, nahm Mercedes-Benz die Herausforderung in technischer Hinsicht an.

Die schwäbische Firma präsentierte in dichter Folge Fahrzeuge und Fahrzeugkonzepte, die sich der Reihe nach mit den Schwächen der einstigen Luxusfahrzeuge auseinandersetzten. Man entwickelte innovative Konzepte bei Sicherheit, Verbrauch und Technologie. Unvergessen sind die legendären Sicherheitskonzepte der siebziger Jahre, als man mit dicken Gummi-Stoßfängern den Anforderungen nach höherem Schutz der Insassen und der anderen Verkehrsteilnehmer zu begegnen versuchte. Der Forderung nach geringerem Verbrauch ging Mercedes-Benz radikal mit den C111-Versuchsträgern nach, also Konzeptstudien, die unterschiedliche Motorenkonzepte bis hin zur Gasturbine auf ihre Leistungs- und Effizienzgrenzen testeten.

Obwohl sich die innovative Strategie, produktseitige Schwächen technologieorientiert anzugehen, für Mercedes-Benz als einzelne Marke auszahlte, führte dieses letztendlich zu einem technischen Rechtfertigungsbedarf des bis dahin unangetasteten Prestigeanspruches der Luxusmarken. Hinzu kam seit den sechziger Jahren der Angriff von BMW von der sportlichen Front und seit den achtziger

Jahren von Audi von der technologischen Seite. Beide sind heute ernstzunehmende Konkurrenten für Mercedes-Benz.

War es vorher eine quasi gesellschaftliche Sonderstellung der Luxusmarken, die sich in den Produkten und bedienten Segmenten ausdrückte, musste spätestens seit den achtziger Jahren auch das Preisniveau der Luxusmarken über ihre konkreten Eigenschaften gerechtfertigt werden. Mit der Ölkrise 1973, die wesentliche Auswirkungen auf die Kaufkraft des deutschen Automobilkäufers hatte, wurde dieser kritischer – und damit rückte das Preis-Leistungsverhältnis immer mehr in den Vordergrund der Kaufentscheidung.

Deutsche Premium-Automarken – Eine Dekade des Wachstums

Die letzten zehn Jahre von 1993 bis 2003 zeigen ein starkes Wachstum der deutschen Premium-Automarken weltweit (siehe Abbildung 1-1). Durch dieses Wachstum haben Mercedes-Benz, BMW und Audi ihre japanischen und amerikanischen Konkurrenten im Premium- und Luxussegment in den abgesetzten Stückzahlen klar abgehängt, sogar auf dem heftig umkämpften amerikanischen Markt. Dort hat BMW sogar als Premium-Marke 2003 den einstigen Angstgegner, die Luxus-Marke Lexus, überholt.

Porsche spielt dabei absolut gesehen eine kleinere Rolle unter den vier hier vorgestellten deutschen Premium-Automobilmarken. Relativ gesehen hat Porsche allerdings den Umsatz in den letzten zehn Jahren am stärksten gesteigert – und zwar mehr als verfünffacht, wie in Abbildung 1-2 zu sehen ist. Auch hat Porsche nach einem Rekordverlust von 122 Millionen Euro im Jahre 1992/1993 kräftig aufgeholt, was die Rentabilität betrifft. So wurde das Geschäftsjahr 2001/2002 mit einer Umsatzrendite von 17 Prozent abgeschlossen, was heißt, dass der Bruttogewinn 17 Prozent vom Umsatz betrug. Somit ist Porsche prozentual gesehen der gewinnträchtigste Autobauer weltweit – dicht gefolgt von BMW. 2002/2003, (das Porsche Geschäftsjahr fängt immer am 1. Juli an) hat Porsche den Bruttogewinn von 17 Prozent halten können, während die Nettoumsatzrendite 10 Prozent betrug – wieder ein absoluter Spitzenwert in der Industrie.

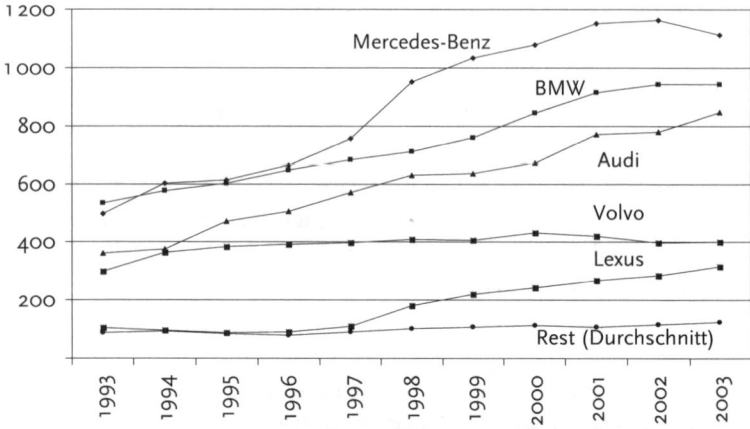

In tausend Einheiten

Quelle: Zulassungsbehörden Marken-Zuordnung: Lexus=Toyota, Cadillac=GM, Lincoln=Ford

Abb. 1-1 Der Absatz deutscher Premiummarken weltweit ist in den letzten zehn Jahren stärker gestiegen als bei der Konkurrenz

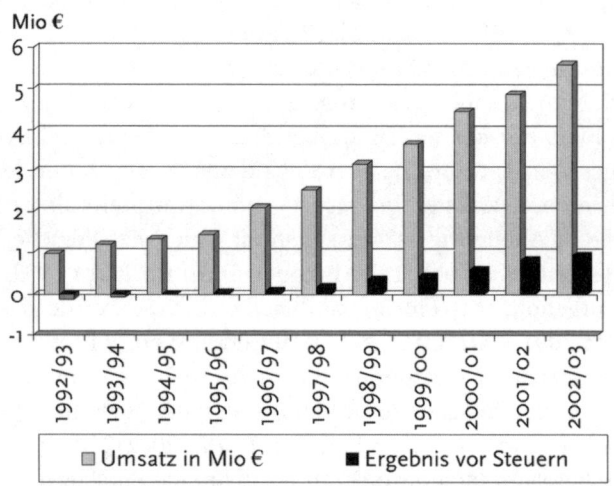

Mio €

Abb. 1-2 Der Umsatz von Porsche hat sich seit Juli 1993 mehr als verfünffacht und der Bruttogewinn betrug 2001/2002 und 2002/2003 17 Prozent vom Umsatz

Das erfolgreiche Wachstum der vier deutschen Premium-Automarken BMW, Audi, Mercedes-Benz und Porsche hat in den letzten Jahren weltweit für großes Aufsehen gesorgt. Anfang der neunziger Jahre ging ein Ruck durch die deutsche Autoindustrie: Die japanischen Autohersteller hatten auf dem wichtigen US-Markt die Domäne der deutschen Premium-Automarken in Bezug auf Verkaufszahlen erfolgreich angegriffen. Im Jahre 1990 überholte die Marke Lexus von Toyota, gerade erst zwei Jahre auf dem Markt, BMW und ein Jahr später sogar Mercedes-Benz. Das muss noch ein Mal wiederholt werden – Toyota hatte im Jahre 1998 die Marke Lexus auf dem amerikanischen Markt lanciert, fing damit bei den Verkaufszahlen bei null an und wurde dementsprechend auch nur bedingt ernst genommen von den großen Konkurrenten BMW und Mercedes, die schon seit Jahrzehnten auf dem amerikanischen Markt waren. Zwei Jahre nach der Markteinführung von Lexus überholt diese neue Marke plötzlich BMW in Bezug auf Verkaufszahlen und dann noch Mercedes ein Jahr später. Die deutsche Autoindustrie zitterte!

So ist es kein Wunder, dass sich 1993 der damalige Mercedes-Chef Werner Niefer und der BMW-Lenker Eberhard von Kuenheim sich einig waren, dass die größte Bedrohung für die deutsche Automobilindustrie aus Japan kam. Doch dieser Schock hat seine Wirkung nicht verfehlt, und mit einer großen Qualitäts-, Kosten- und Produktoffensive haben zehn Jahre später die deutschen Premiummarken ihr Segment nicht nur in Europa, sondern auch global erfolgreich verteidigen können.

Zehn Jahre nach dem Buch *Die zweite Revolution in der Autoindustrie*, das Lean Production (Schlanke Produktion) zur Qualitäts- und Effizienzsteigerung weltweit populär machte, ist in der globalen Automobilindustrie ein immer stärker werdender Trend zu Premiumprodukten festzustellen, mit denen dann auch höhere Premiumpreise erzielt werden. Kann man das Prägen einer Premiummarke in einem ähnlichen Maße lernen wie vor zehn Jahren Lean Production? Darauf wird dieses Buch detailliert eingehen.

Definition und Abgrenzung der Premium-Automarken

Das Wort »Premium« kommt aus dem Englischen und heißt als Adjektiv übersetzt »erstklassig, hochwertig«. Ein erstklassiges und hochwertiges Premiumprodukt wird vom Kunden mit einem Premiumpreis honoriert, der deutlich über dem Durchschnittspreis in einem Markt liegt – die deutschen Premium-Automarken beweisen, dass dieses nicht nur reine Theorie, sondern Realität ist.

Eine Premiummarke ist am besten durch ihre Eigenschaften und Stärken zu beschreiben: die Abgrenzung von Luxusmarken, die Stärke auf dem Heimatmarkt, und durch den hohen Gebrauchtwagenwert.

Premium-Automarken und Luxus-Automarken

Premium-Automarken lassen sich sowohl von Luxus-Automarken als auch von Volumen-Automarken abgrenzen. Dabei unterteilen sich die Luxus-Automarken in amerikanischen und europäischen Luxus – ein wichtiger Unterschied, der oft übersehen wird.

Eine Premiummarke wird durch Innovationen und Innovationsfähigkeit definiert, die klar durch Werbung und Firmenauftritt kommuniziert werden und damit einer Premiummarke ein Premiumimage verleihen.

Eine Luxusmarke zieht ihren Status allein aus der Vergangenheit, also »Heritage«, oder aus einem starken Marketing beziehungsweise »Image«, was sich meistens auch im Preis ausdrückt. Obwohl sowohl Premium- als auch Luxusmarken durch hohe Preise gekennzeichnet sind, definiert sich die Exklusivität einer Luxusmarke geradezu ausschließlich über den Preis. Der Preis eines Premiumprodukts ist dagegen das Resultat der überlegenen Produkt- und Imageeigenschaften. Neben der rechten Gehirnhälfte (in der eher das Gefühl, also imagebezogene, qualitative Werte wie Status oder Prestige verarbeitet werden) spricht eine Premiummarke auch die linke Gehirnhälfte (die eher für Rationalität, also innovationsbezogene, quantitative Werte wie Schnelligkeit oder Kraft empfänglich ist) an. Somit ist festzuhalten, dass einer Premiummarke ein deut-

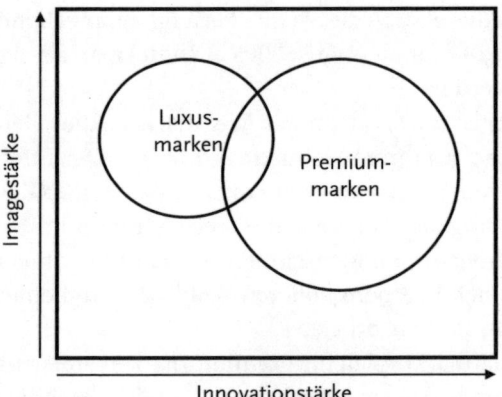

Imagestärke

Luxus-marken

Premium-marken

Innovationstärke

Abb. 1-3 Premiummarken sprechen mit Innovations- und Imagestärke ein breiteres Publikum an als Luxusmarken, die nur Imagestärke vorweisen können

lich höheres Kundenpotenzial zur Verfügung steht als einer Luxusmarke, da die Premiummarke beide Gehirnhälften anspricht und somit ein breiteres Kundenspektrum (siehe Abbildung 1-3).

Bei Luxusmarken differenzieren wir zwischen europäischem und amerikanischem Luxus. Europäischer Luxus ist ausgerichtet auf Finesse im Detail und die Geschichte der Marke, während amerikanischer Luxus sich eher auf Komfort und Größe konzentriert.

So verwundert es auch nicht, dass Lexus, die Luxusmarke von Toyota, in Amerika erfolgreich ist und dort 2002 mehr als 200 000 Autos verkauft hat, nicht aber in Europa, wo nur etwa 20 000 Autos verkauft wurden. Lexus verkörpert fast ausschließlich amerikanischen Luxus, verfügt aber weder über herausragende technische Finesse noch eine glanzvolle Geschichte.

Premiummarken sind global ausgerichtet, mit einem starken Heimatmarkt

Von einer innovativen Premiummarke ist Lexus jedoch weit entfernt – auch deswegen, weil sie im Heimatmarkt nicht verkauft wurde. Dort werden die Lexus-Modelle bisher unter der Dachmarke Toyota angeboten, aber nur über selektierte Verkaufskanäle vertrieben. Da sich diese Strategie als nicht erfolgsversprechend herausgestellt hat, wird Lexus ab August 2005 auch in Japan als eigene Marke eingeführt werden.

Premiummarken sind immer Weltmarken, die allerdings eine starke Position auf ihrem Heimatmarkt haben. Der Erfolg im meist sehr konkurrenzintensiven Heimatmarkt macht die Globalisierung oftmals erst möglich. Andererseits sprechen Premiummarken in der Regel ein gehobenes Kundensegment an, das international sehr ähnlich ist, was sich in einem höheren Wohlstand und einem höheren Durchschnittsalter ausdrückt.

Der Heimatmarkt spielt für Premiummarken eine entscheidende Rolle: nur durch die harte Konkurrenz auf dem Heimatmarkt wird eine Premiummarke fit für den Weltmarkt. Die vier deutschen Premium-Automarken profitieren von der starken Konkurrenz im Heimatmarkt, die dazu führt, dass man die ausländische Konkurrenz mit einer gewissen Leichtigkeit deklassiert – man spielt sozusagen in einer anderen Liga.

In ihrem Heimatmarkt haben die deutschen Premium-Automarken natürliche Vorteile. Beispielsweise gibt es in Japan und Amerika eine generelle Geschwindigkeitsbegrenzung für den Straßenverkehr, was ein Innovationsnachteil ist. Anders ausgedrückt: die Einführung einer Geschwindigkeitsbegrenzung in Deutschland würde das Ende der deutschen Premiummarken einläuten und damit auch

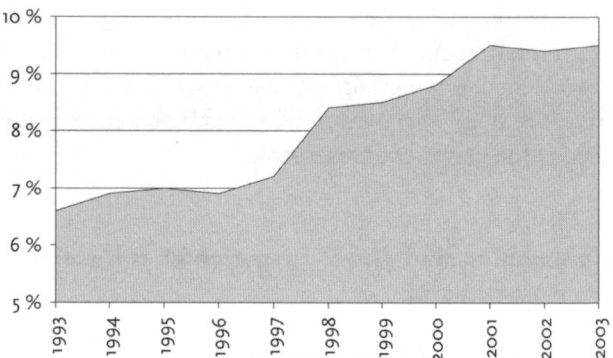

Abb. 1-4 Der Premium- und Luxusmarken-Weltmarktanteil an globalen Verkäufen von Pkws, Geländewagen und Minivans ist in den letzten zehn Jahren kontinuierlich gewachsen

der deutschen Autoindustrie. Die deutsche Autobahn ist nicht nur ein internationaler Mythos, sondern eine der wichtigen notwendigen Bedingungen für beeindruckende Innovationen und überzeugendes Marketing, und somit für den Erfolg der vier deutschen Premium-Automarken.

Premiummarken profitieren vom qualitativen Wachstum

In den Industrieländern gibt es einen deutlichen Trend zu qualitativem Wachstum. Das heißt, dass zwar nicht mehr Autos verkauft werden, aber immer höherwertigere Fahrzeuge, zu einem höheren Preis, mit einer besseren Ausstattung. Aber auch in den Schwellenländern, insbesondere in China, nimmt der Bedarf an hochwertigen Premiumfahrzeugen zu. So ist für den Audi A8 und die BMW 7er-Reihe der chinesische Markt 2003 zum drittwichtigsten Absatzmarkt nach Deutschland und den USA geworden. Im Vergleich zu den Volumenmarken haben Premiummarken global gesehen ihren Anteil in den letzten zehn Jahren ständig gesteigert: von 6,5 Prozent auf fast 10 Prozent – und dieser Trend wird auch in der Zukunft anhalten (siehe Abbildung 1-4).

Premiummarken haben darüber hinaus den Vorteil, dass sie nach unten (kleinere Autos) und seitwärts (zum Beispiel Geländewagen oder Minivans) in neue Nischen vordringen können. Volumenmarken können sich zwar seitwärts – das heißt in neue Konzeptsegmente – erweitern, aber nur schwer nach oben kommen. Auch haben die Premiummarken im Augenblick den längeren Atem, da sie in ihrem angestammten Terrain Profite erwirtschaften konnten, die jetzt reinvestiert werden, während viele Volumenmarken in der aggressiven Marktrestrukturierung der letzten Jahre Kapital verloren haben und deswegen sogar gezwungen sind, Investitionspläne zurückzuschrauben.

Gebrauchtwagenpreise und Leasingraten

Ein wesentlicher Unterschied zwischen den Premiummarken und den Volumenmarken zeigt sich in der Rolle und der Höhe des

Gebrauchtwagenpreises, also des Restwertes. Je höher der Restwert eines Autos ist, desto geringer ist für Stammkunden der Differenzbetrag zwischen seinem gebrauchten und neuen Auto, und desto attraktiver wird der Preis eines neuen Autos im Vergleich zur gebrauchten Alternative. Außerdem ergibt sich durch den geringen Wertverlust der Vorteil, dass Leasingraten entsprechend niedriger angesetzt werden können, da sich Leasingraten wiederum zu einem großen Teil aus dem Wertverlust eines Autos errechnen. Denn gerade für Leasingfahrzeuge spielt der Restwert eine wesentliche Rolle: je höher dieser ist, umso niedriger kann man die speziell für Firmenkunden entscheidende Leasingrate ansetzen. In Deutschland beispielsweise kann man eine Mercedes-Benz C-Klasse zu der vergleichbaren Leasingrate erwerben wie einen gut ausgestatteten Opel Astra – da fällt dem Kunden die Wahl nicht schwer.

Der Mercedes-Benz SLK ist in Deutschland das Auto mit dem prozentual geringsten Wertverlust, noch vor dem Porsche Boxster. Mercedes-Chef Jürgen Hubbert weiß auch, wie wichtig der geringe Wertverlust für die Premiummarke Mercedes-Benz ist: »Von großer Bedeutung ist auch der Werterhalt. Wer bereit ist, einen Mercedes zu erwerben, dem ist wichtig, dass dieser möglichst lange seinen Wert behält.«

Premiummarken lehnen es grundsätzlich ab, die Verkäufe durch herstellerseitige Incentives (Preisnachlässe, Geschenke, Bargeldauszahlung oder stark subventionierte Kredite) künstlich zu fördern, da diese die Gewinne überproportional schmälern. Dadurch haben Premiummarken aber auch einen Vorteil durch den geringen Wertverlust in der Restwertentwicklung. Dieser Zusammenhang wird dadurch klar, dass eine generelle (und veröffentlichte) Rabattierung von Neuwagen die Gebrauchtwagenpreise unmittelbar um mindestens denselben Betrag vermindert.

Die Hersteller-Incentives dürfen allerdings nicht mit den Händler-Incentives verwechselt werden, die oft das Ergebnis individueller Preisverhandlungen sind. Hier hat der Hersteller nur in geringerem Maße Einfluss, und bis auf Smart, wo es ein absolutes Preisbindungsgebot gibt, soll der Händler ja gerade auf Gegenangebote eingehen können, und zwar vornehmlich auf die von der direkten Premiummarken-Konkurrenz.

Diese Unterscheidung der zwei verschiedenen Ebenen – des Herstellers und des Händlers – ist wichtig, da lokale Händleraktionen den generellen Restwert nur im geringeren Maße belasten. Mark Fields, Chef der Premier Automotive Group (PAG) von Ford, differenziert nicht zwischen diesen beiden Ebenen und verärgert dadurch die PAG-Kunden, besonders der Marke Jaguar in den USA, da diese Autos durch starke Hersteller-Incentives und Preissenkungen noch stärker an Wert verlieren.

Angesichts der kritischen Absatzentwicklung auf dem US-Markt hatte sich sogar Porsche dazu entschieden, im Herbst 2003 Incentives zu gewähren – aber auf eine äußerst subtile Weise: statt den Gebrauchtwagenwert durch direkte Preissenkungen zu drücken, entschied man sich zur entgegengesetzten Strategie, den Kunden eines Neufahrzeugs einen um 2000 bis 3000 Dollar überhöhten Rückkaufwert ihres gebrauchten Porsche anzubieten. Auf diese Weise wurde nicht nur der Absatz der Neufahrzeuge gefördert, sondern auch der Restwert der existierenden Flotte unterstützt. Diese Strategie hat einen positiven Einfluss auf den Restwert und ist daher auf keinen Fall mit einem direkten Rabatt oder Geldgeschenk zu vergleichen, der den Restwert negativ beeinflusst. Porsche hat hier wieder einmal gezeigt, wie man eine Premiummarke führt.

Auch BMW ist geradezu legendär im Management des Restwertes seiner Autos, besonders bei der 3er-Reihe. 2002 wurde in Amerika ein neues System eingeführt, um die Gebrauchtwagenpreise positiv zu beeinflussen. Diese Strategie, sich auf Restwertsteigerung in den USA zu konzentrieren, wurde 2003 neben BMW auch von Porsche und Audi eingeführt. Das Engagement hat sich für Audi bereits ausgezahlt: die US-Restwerte von Audi haben 2003 im Schnitt um 2 Prozent angezogen.

Premiummarken-Volumenentwicklung in Westeuropa

Der Anteil der Premiummarken am Neufahrzeugmarkt in Westeuropa hat sich seit 1990 konstant und stark erhöht, auch weitgehend unabhängig von den Schwankungen des europäischen Gesamtmarktes. Während die Volumenhersteller zum Teil erheblich an Marktanteilen einbüßten, konnten die Premiummarken permanentes Wachstum realisieren (siehe Abbildung 1-5). Diese Entwicklung wird sich unserer Erwartung nach auch über einen absehbaren Zeitraum fortsetzen.

Die wesentlichen Gründe für diese Entwicklung sind sowohl in den Strategien der Hersteller als auch in den makroökonomischen und demographischen Faktoren zu suchen.

Ausgehend von den angestammten Luxussegmenten haben die Premiumhersteller ihre Produktpaletten in alle Marktsegmente erweitert. Zusätzlich haben sich Hersteller aus den unteren Segmenten heraus als Premiumhersteller etabliert und damit weitere Kundenpotenziale an die Premiumsegmente herangeführt.

Mehr angebotene Fahrzeuge sowie neu in den Markt stoßende Importmarken machen das Produktangebot wesentlich komplexer und unübersichtlicher, sodass die Orientierungsfunktion von Marken eine zusätzliche Bedeutung gewinnt. Davon profitieren naturgemäß die starken Marken, die bei nahezu 100-Prozent-Bekanntheitsgrad sowie einer umfassenden Verfügbarkeit den Auswahl- und Entscheidungsprozess vereinfachen helfen.

Das außerordentliche wirtschaftliche und finanzielle Wachstum der neunziger Jahre führte zu einer stark zunehmenden Verfügbarkeit von liquiden Mitteln, die zu einem großen Teil in hochwertigen

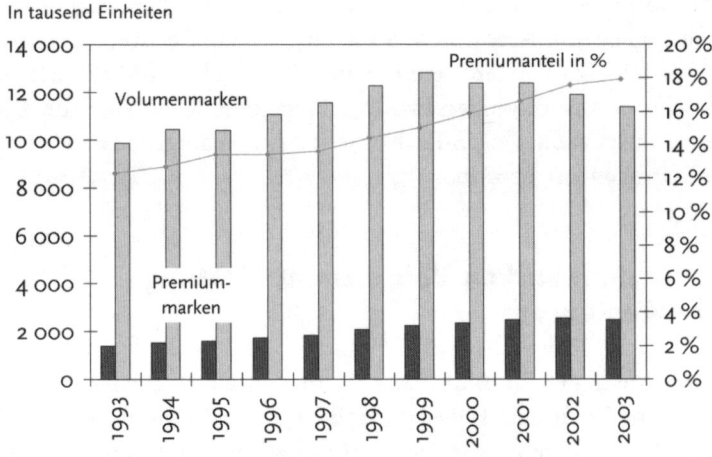

Abb. 1-5 Das Premiummarken-Volumen in Westeuropa ist in den letzten zehn Jahren von 12 Prozent auf 18 Prozent kontinuierlich angestiegen

und prestigeorientierten Konsum umgesetzt wurden – darunter waren insbesondere auch Premiumfahrzeuge zu finden. Die demographische Entwicklung führte zusammen mit dem stark verbesserten Gesundheitsniveau und dem Imagewandel der »neuen Alten« zu einer höheren Mobilisierung des in zunehmendem Maße konzentrierten Kapitals. Davon profitierte insbesondere die klassischste Premiummarke Mercedes-Benz.

Aufgrund der Entstehung und Struktur des Premiummarktes ist es nicht verwunderlich, dass die Top-3-Marken circa 75 Prozent des gesamten Volumens ausmachen. Mercedes-Benz hatte Mitte der neunziger Jahre als Erstes die Initiative zum entscheidenden Wachstumsschub der Premiummarken ergriffen – aufgrund der langen Entscheidungs- und Entwicklungsprozesse in der Automobilindustrie wurden die Grundlagen für diese Entwicklung aber bereits zu Anfang des Jahrzehnts gelegt. Damit muss Mercedes-Benz als Erfinder des strategischen Markenmanagements gelten – was aber auch langfristig wieder zu einer »Einfallpforte« für neue Wettbewerber im Premiumsegment werden könnte. Vor diesem Hintergrund sollten Toyota und insbesondere Honda beobachtet werden, während die Marke Volkswagen bereits auf dem besten Wege ist, als Premiummarke wahrgenommen zu werden.

Diese Entwicklung würde den Abschluss der Entwicklung der Marktstruktur von der hierarchischen zur eigenschaftsorientierten Einteilung bedeuten, da mit dem vollständigen Übergang von Volkswagen in das Premiumsegment zumindest in Deutschland die 50-Prozent-Schwelle nahezu erreicht wäre (in Abbildung 1-6 sind bisher nur die Luxusprodukte von Volkswagen, Phaeton und Touareg, berücksichtigt). Danach müsste ein weiterer, in der Industrie verbreiteter Irrtum korrigiert werden, nach dem »Premium« im Sinne überlegener Produkteigenschaften mit »Prämie« im Sinne überzogener Preisforderungen gleichgesetzt wird.

Der extrem hohe Anteil der Premiummarken am deutschen Gesamtmarkt (siehe Abbildung 1-6) ist zum Teil dem hohen gesellschaftlichen Wohlstand und dem verfügbaren Kapital zu verdanken, zum Teil der hohen gesellschaftlichen Akzeptanz.

Ein weiterer wesentlicher Grund ist, dass Deutschland der Heimatmarkt der wichtigsten Premiummarken ist. Damit kommen zusätzlich fünf volumenbestimmende Faktoren zum Tragen:

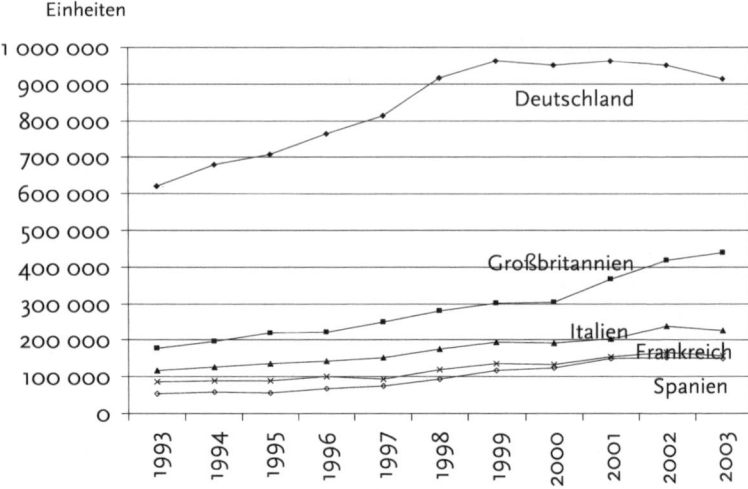

Einheiten

1 000 000
900 000
800 000   Deutschland
700 000
600 000
500 000
400 000   Großbritannien
300 000
200 000   Italien
100 000   Frankreich
0   Spanien

1993 1994 1995 1996 1997 1998 1999 2000 2001 2002 2003

Abb. 1-6 Das Premiummarken-Volumen nach Ländern zeigt ganz klar Deutschland in Führung: die Stärke im Heimatmarkt ist entscheidend für den internationalen Erfolg

(1) *Dichte, Struktur und Management der Verkaufsnetzwerke* sind hier am besten ausgeprägt, insbesondere auch durch das System der herstellereigenen Verkaufsniederlassungen.

(2) Die Mitarbeiter der Hersteller erhalten Neufahrzeuge zu Vorzugskonditionen, die als *Jahreswagen* über die privaten Wiederverkaufsnetzwerke eine sehr effektive Unterstützung des Absatzes darstellen.

(3) Die *Dienstwagenkontingente* stehen der zentralen Gebrauchtwagenvermarktung zur Verfügung und erhöhen die Liquidität des Sekundärmarkts erheblich.

(4) Das *Flottengeschäft*, also der Verkauf an Großkunden, ist bei Premiummarken besonders stark ausgeprägt und wird bevorzugt in den jeweiligen Heimatmärkten betrieben – zum Teil durch zentrale Vermarktungsstellen, die unabhängig von den übrigen Vertriebskanälen operieren.

(5) Aufgrund der hohen *Verfügbarkeit und hohen gesellschaftlichen Akzeptanz von Premiumfahrzeugen* ist der Durchschnittspreis von Premiumautomobilen in Deutschland erheblich niedriger als in anderen europäischen Ländern.

Trotz der hohen Marktanteile und der verkauften Mengen ist das Geschäft der Premiummarken in Deutschland also nicht übermäßig profitabel, da ein erheblicher Anteil des Absatzes über subventionierte Verkäufe erzielt wird. Trotzdem hat der deutsche Markt als Volumenbringer eine hohe strategische Bedeutung (siehe Abbildung 1-7). Auch im Premiumbereich haben hohe Absatzvolumen eine zunehmende Bedeutung, da sie helfen, die Entwicklungs- und Herstellungskosten mitzutragen. Diese Volumen sind erforderlich, um den auch innerhalb des Premiumsegments stetig zunehmenden Preisdruck über Mengendegression abzufangen – ein weiteres Indiz für die fortschreitende Weiterentwicklung des Premiummarktes weg vom Hochpreis- und Luxusmarkt.

Die Konzentration der Absatzvolumen im deutschen Markt ist insbesondere für Mercedes-Benz von entscheidender Bedeutung – fast jeder zweite in Westeuropa abgesetzte Mercedes geht in den deutschen Markt. Audi und BMW dagegen zeigen eine ausgewogenere Regionalstruktur, was einerseits auf einen geringeren Imageunterschied zwischen den einzelnen Ländern, andererseits aber auch auf eine homogenere, also gleichmäßigere, Absatzstruktur hinweist.

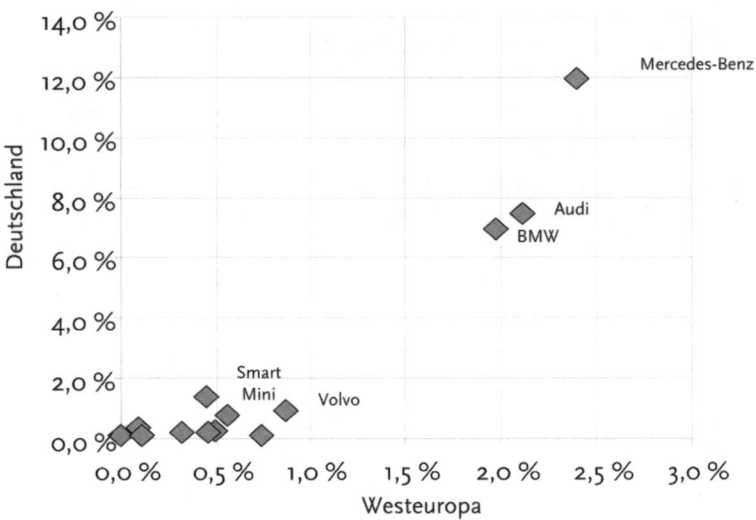

Abb. 1-7 Die Premium-Marktanteilsstruktur in 2002 zeigt, dass die drei großen Premiummarken vorne liegen, besonders im Heimatmarkt Deutschland

Die durch die Änderungen der Gruppenfreistellungsverordnung im Oktober 2003 hervorgerufenen Verschiebungen der Vertriebsstrukturen sollten mittelfristig einen homogenisierenden Effekt zeigen, der langfristig zu einer Vereinheitlichung der Vertriebssysteme der Premiumhersteller innerhalb Europas führen könnte. Damit wäre wieder ein entscheidendes Element der klassischen Definition eines Premiumproduktes erfüllt: nicht nur stets gleichbleibende und überragende Produktqualität, sondern auch einheitliche Verfügbarkeit und Vermarktung. Wie das Beispiel des deutschen Marktes zeigt, sind insbesondere Premiumprodukte auf ein differenziertes, alle Kanäle nutzendes Vertriebskonzept angewiesen, da neben den Qualitäten der Produkte auch wesentlich die zielgerichtete Ansprache der Kunden das Image einer Marke bestimmt.

Seit der Erfindung des Premiumsegments durch Mercedes-Benz ist eine Entwicklung weg vom Luxus zu beobachten, die besonders von BMW und Audi voran getrieben wird. Das Premiumsegment zeigt sich damit nicht nur als ein besonders dynamisch wachsendes, sondern auch als ein sich stets veränderndes Segment, das sicherlich noch für einige Überraschungen gut sein wird.

Premium – was steckt dahinter?

»Premium« im Sinne von »Prämie« bedeutet, dass Kunden für ein funktional vergleichbares Produkt mehr Geld zu zahlen bereit sind. Das Problem ist nur, was ist unter »funktional« zu verstehen? Offensichtlich ist es so, dass durch den Kunden einem Produkt mehr Eigenschaften beigemessen werden, als nach Maß, Zahl oder Gewicht zu bestimmen sind, die – obwohl nicht messbar – doch wesentlich für seine Werthaltigkeit sind. Dies scheint zunächst paradox, insbesondere für diejenigen technikorientierten Unternehmen, die ihre Produkte über Jahre hinweg auf streng objektive Kriterien hin optimiert haben und sich plötzlich mit der Forderung konfrontiert sehen, die Produkte »noch premiumfähiger« zu gestalten. Das kann aber schon rein logisch nicht funktionieren: Sind die premiumtragenden Eigenschaften von vorne herein als *nicht funktional* definiert, gibt es keine *funktionale* Optimierung, die das Premium beeinflusst, sondern nur Innovation. Man kann also gar keine Premiumprodukte herstellen, sondern nur hoch innovative Produkte – und muss darauf hoffen, dass diesen seitens der Kunden die Premiumeigenschaft zugeschrieben wird. Offensichtlich liegt die Ursache des Premium also nicht im Produkt, sondern in seiner Wahrnehmung, die meistens durch die Innovationen einer Premiummarke geprägt werden, aber auch durch das Marketing.

Während in der soziologischen und psychologischen Kommunikationstheorie inzwischen vollkommene Einigkeit darüber herrscht, dass der objektive Gehalt einer Botschaft nur einen geringen Teil der damit überbrachten Information ausmacht, scheint diese einfache Tatsache noch keine weitergehende Übertragung auf die Produkt- und Unternehmensstrategien der Automobilindustrie gefunden zu haben. Im mechanistischen Weltbild der Autobauer finden diese nicht funktionalen Informationen höchstens noch ihren Platz in der negativen Kategorie der Manipulation beziehungsweise Werbung, was die exorbitanten Werbebudgets der Automobilindustrie erklärt.

Natürlich müssen Kunden über das immer stärker ausufernde Produktangebot der Autohersteller informiert werden, was auch in einer originellen und Käuferzielgruppen-konformen Weise erfolgen soll – aber das sind keine kommunikativen Aufgaben, die Ausgaben in Milliardenhöhe rechtfertigen würden. Die Werbung wird häufig als dasjenige Instrument verstanden, das die Lücke zwischen den objektiven Eigenschaften des Produkts und dem umfassenden Informations- und Bewertungsbedürfnis des Kunden füllen muss.

Wenn die psychologisch getesteten Verhältnisse strikt befolgt würden, müssten also die Werbebudgets höher als die gesamten Entwicklungs- und Produktionskosten der Automobilindustrie sein – was sie aber bei weitem nicht sind. Es scheint also neben der Produktwirklichkeit und den Werbebotschaften noch weitere – weit weniger kontrollierbare – Informationsebenen zu geben, die die Gesamtwahrnehmung eines Produkts ausmachen und damit auch seinen Marktpreis, und damit letztlich auch das Premium, bestimmen.

Die einfachste Möglichkeit, eine Premiummarke beziehungsweise Premiumprodukte zu erzeugen, ist, eine bereits bestehende Luxusmarke durch objektiv sehr gute und innovative Produkte in den

Bereich größerer Kundenansprache und besser erreichbarer Preis-
regionen zu führen. Neben Mercedes-Benz ist BMW ist dafür sicher
ein gutes Beispiel, auf das wir näher eingehen werden.

Kapitel 2
BMW – Vom Motorrad
zum Automobil

*»Wir haben intern das Ziel, der
erfolgreichste und beste Premiumhersteller der Welt zu werden, und
da sind die Stückzahlen nur ein
Aspekt. Wesentlich wichtiger ist
die Reputation, die hohe Begehrlichkeit nach unseren Produkten
aus Sicht der potenziellen
Kunden.«*

Helmut Panke, Vorstands-
vorsitzender der BMW AG

Einer muss in Führung gehen

Ohne einen Hauch von Nervosität begrüßt Helmut Panke, seit dem 16. Mai 2002 Vorstandsvorsitzender der BMW AG, seine Gäste auf der BMW Group Pressekonferenz auf der IAA 2003. Thema des ersten Pressetags am 9. September 2003 sind die vier neuen BMW-Fahrzeuge und ihr Beitrag zur Premiummarke BMW.

Das erste und wichtigste Fahrzeug des Jahres, die neue 5er-Serie (siehe Abbildung 2-1), ist schon etwas länger auf den Straßen. Aber das Vorziehen der Produkteinführung auf Sommer 2003 hat sich ausgezahlt. Zugegeben, es war ein beträchtliches Risiko, doch die geniale Idee, die ersten 500 Autos im Frühjahr 2003 drei Monate lang in und um München von Mitarbeitern testen zu lassen, hat die Entwicklungs- und Testzeit verkürzt. Als wir das Auto zum ersten Mal während dieser intensiven und öffentlichen Testzeit in München sehen, trauen wir zunächst unseren Augen nicht, denn das hatte sich bisher noch kein Autohersteller getraut. Und das ist typisch für BMW und eben auch typisch für innovative Premiummarken: Neuland

Abb. 2-1 Die neue BMW 5er-Serie mit Active Front Steering als neuer Standard: die Lenkung passt sich automatisch der Geschwindigkeit an, was Agilität und Stabilität steigert

betreten und gewinnen – und dass der neue 5er ein Gewinner ist, daran lässt Panke keinen Zweifel.

Das neue Fahrwerk des 5ers mit einer vollständigen Aluminium-konstruktion und einer aktiven Lenkung (Active Front Steering) hat die Konkurrenz in Sachen »sportliches Fahrverhalten« wieder einmal klar hinter sich gelassen. Auch das Head-up Display, das die Geschwindigkeit und weitere wichtige Informationen in die Frontscheibe projiziert, ist ein kleiner Schocker für die Konkurrenz – alle reden darüber, BMW macht es. Und das erwarten die Kunden von einer innovativen Premiummarke.

Panke erklärt: »Die Stärke der BMW Group ist Premium. Das bedeutet: Wir wissen, dass wir dann besonders erfolgreich sind, wenn wir unseren Kunden authentische Premiumprodukte anbieten – Produkte mit Substanz, die sich auszeichnen durch: Emotionalität, kompromissloses Engineering, innovative Technik und Inhalte sowie höchste Qualität, auch in der Betreuung. Entsprechend sind wir erfolgreich im Umgang mit starken Premiummarken, die über ein klares und scharfes Profil verfügen, authentisch sind, eine besondere Historie haben, und eine spezifische Begehrlichkeit erzeugen.«

Aber wie ordnen sich die drei Marken BMW, Mini und Rolls-Royce unter das Dach der BMW Group?

»Vor diesem Hintergrund verfolgt die BMW Group eine kompromisslose Premiummarken-Strategie mit einem klar strukturierten Marken- und Produktportfolio: Mit der Marke Mini haben wir Premium im Kleinwagesegment etabliert und gezeigt, dass Premium keine Frage der Größe ist. Mit BMW besetzen wir die Segmente der Mittel- und Oberklasse. Mit der Marke Rolls-Royce sind wir seit Beginn dieses Jahres auch im absoluten High-End-Segment vertreten«, nimmt Panke die Antwort vorweg und stellt dann die vier neuen oder überarbeiteten Modelle vor.

Dann gibt es den überarbeiteten Geländewagen X5 zu sehen, der seit seiner Einführung immer neue Konkurrenten bekam und deshalb einen Innovationssprung wie den xDrive brauchte. Es folgt die Weltpremiere des ganz neuen Geländewagens X3 (siehe Abbildung 2-2) – in diesem Segment ist man einmal mehr der Konkurrenz voraus. Unterhalb des X5 wird hier ein attraktives Modell angeboten, das aufgrund seines innovativen Charakters und der konkurrenzlosen Markenaufladung preislich sehr ambitioniert positioniert ist. Auch die Innovationen können sich sehen lassen: ein Schiebedach

Abb. 2-2 Der neue BMW X3 mit dem xDrive Allradsystem, bei dem sich die Antriebskraftverteilung dem Untergrund automatisch anpasst – eine echte fahrdynamische Innovation

für die hinteren Beifahrer sowie das dynamische xDrive Allradsystem, bei dem sich die Antriebskraftverteilung dem Untergrund ständig anpasst.

Die Kapazitäten für Entwicklung und Produktion des neuen X3 Premium Sport Utility Vehicle (SUV) wurden von Magna Steyr – ehemals Steyr-Daimler-Puch – in Österreich zugekauft, die einen exzellenten Ruf im Geländewagenbereich haben. Immerhin produziert Magna Steyr den Jeep Grand Cherokee und das Mercedes-Benz G-Modell, das seit 25 Jahren den Standard im Geländewagenbereich setzt. Die Produktionskapazität des X3, so zeigten es die ersten euphorischen Marktsignale, würde schnell an ihr Limit kommen, aber das ist eben ein typisches Problem, mit dem eine erfolgreiche Premiummarke zu kämpfen hat.

Als letztes Auto folgt die neue 6er-Serie (siehe Abbildung 2-3), die Panke folgendermaßen kommentiert: »Der Entschluss, nun mit einem neuen 6er Coupé zu expandieren, basiert auf zwei Überlegungen: 1. Wir verfolgen mit unserer Produktoffensive das Ziel, mittelfristig in möglichst allen für uns relevanten Premiumsegmenten über ein passendes Angebot zu verfügen und damit unsere Position in der automobilen Oberklasse auszubauen. 2. Wir registrieren seit einigen Jahren ein stabiles Wachstum in diesem Seg-

Abb. 2-3 Die neue 6er-Reihe nimmt eine alte Coupé Tradition von BMW wieder auf

ment. In den letzten zehn Jahren ist es um rund 50 Prozent gewachsen.«

Nach Abschluss der Präsentation lassen sich die aus der ganzen Welt angereisten Journalisten die neusten BMW-Innovationen vom geschulten Messepersonal erklären. Im Gegensatz zu manch anderen Herstellern sind alle Ansprechpartner auf der Messe tatsächlich BMW-Mitarbeiter, denn eine Premiummarke verlässt sich nicht auf die üblichen Messe-Hostessen.

Dann ist plötzlich Louis Schweizer, Chef von Renault, bei Panke. Er hat, wie viele andere wichtige Persönlichkeiten aus der Automobilindustrie, Pankes Vortrag gelauscht und will jetzt einmal im neuen X3 Probe sitzen. Er ist angetan und unterhält sich kurz mit Panke. Auch Renault will in Zukunft Geländewagen anbieten – einen kleinen und einen großen, und da ist jede Erfahrung willkommen, die andere Kollegen sammeln konnten, besonders von einer Premiummarke.

Dann wird Panke von einem Assistenten informiert, dass Rick Wagoner, der Chef von General Motors (GM), der größten Automobilgruppe der Welt, mit seinem Produktentwickler Bob Lutz auf dem Stand eingetroffen ist. Bob Lutz hat selber einmal den Vertrieb bei BMW geleitet und ist in der Automobilindustrie eine Legende, besonders wegen seiner Verdienste um Chrysler. Sein Interesse und das seines Chefs Rick Wagoner an der Premiummarke BMW kommen nicht von ungefähr. Die Beteiligung an Saab, das außerhalb von Schweden als Premiummarke gilt, hat GM seit 1989 viele Schwierigkeiten bereitet.

Bob Lutz beschäftigt sich auch damit, das Image der amerikanischen Luxusmarke Cadillac wieder zu beleben und nach Europa zu bringen. Die Studie für den Cadillac Sixteen hatte ein positives Echo gefunden, allerdings wird das Auto leider nie in Produktion gehen. Das Auto hätte der Marke Cadillac gut getan, gerade als Luxusmarke mit Tradition, denn ein 16-Zylinder Auto von Cadillac hatte es schon in den dreißiger Jahren gegeben. Und überhaupt, was hätte BMW einem Cadillac Sixteen entgegenzusetzen? Eigentlich nichts, aber dafür hat BMW ja Rolls-Royce.

Die Anfänge der Bayerischen Motoren Werke

BMW hat zwei Gründer, oder besser gesagt Gründungsfirmen. Einer der beiden BMW-Väter ist Karl Rapp, der vorher auch bei Daimler gearbeitet hat. Die Verbindung von Mercedes-Benz und BMW ist also eine recht alte: 1913 stellt Rapp eine Maschinenwerkstatt in einer alten Fahrradfabrik nahe München auf und er konstruiert Flugzeugmaschinen. 1917 wird auf Initiative von Beaufsichtigungsoffizier Franz Josef Popp der junge Ingenieur Max Friz eingestellt, der auf Aeronautik spezialisiert ist und mit großen Ambitionen von Daimler kommt. Friz bleibt bei BMW und entwickelt Flugzeug- und Motorradmaschinen, einschließlich des berühmten querliegenden Boxer-Motors. Am 21. Juli 1917 werden die bisherigen Rapp-Motorenwerke in Bayerische Motoren Werke GmbH umbenannt und in das BMW-Markenzeichen kommt ein stilisierter Propeller.

In einer Ecke des Münchner Flughafens hat Gustav Otto seine Werkstätten aufgestellt – er ist der Sohn des Erfinders des Otto-Verbrennungsmotors. Am 7. März 1916 werden die Bayerischen Flugzeugwerke (BFW) AG zusammen mit Gustav Otto gegründet, der seine bankrotten Otto-Werke in die neue Firma einbringt. Die Bayerischen Motoren Werke, also BMW, sehen das Gründungsdatum der BFW heute als ihr offizielles Entstehungsdatum an.

1922 übernimmt der österreichisch-italienische Finanzier Camillo Castiglioni, Inhaber von Austro-Daimler, für die Ferdinand Porsche in den zwanziger Jahren Flugzeugmotoren konstruiert, von Otto und Rapp ihre Firmen und verschmelzt sie 1922. Durch den Krieg bedingt wächst die anfangs kleine Firma zügig. Direkt am Rand des Münchener Flugplatzes Oberwiesenfeld errichtet das Unternehmen ein großes Werk und baut dort in Konkurrenz zu Mercedes-Benz bis 1918 Flugzeugmotoren für Militärflugzeuge.

Am 17. Juni 1919, elf Tage vor dem Vertrag von Versailles, der Deutschland den Besitz einer Luftwaffe verbietet, wird der Weltrekord für Höhenfliegen gebrochen: 9760 Meter, ohne eine unter Druck gesetzte Kabine oder Sauerstoff – eine bahnbrechende Leistung dank des Genies von Max Friz. BMW wird später weitere Luftfahrtrekorde brechen. Aber das Unternehmen wäre nie in der Lage gewesen, ohne das Motorrad zu überleben. Veranlasst durch das Verbot der Luftwaffe, wendet sich Max Fritz der Motorradentwicklung zu und entwirft 1923 das Modell R 32. Sein Rennmodell R 37 und nachfolgende Modelle brechen sämtliche Geschwindigkeitsrekorde. Diese sind die beste Werbung für BMW, denn in der Vergangenheit waren Geschwindigkeitsrekorde für Motorräder lange Zeit in amerikanischer und englischer Hand.

Am 19. September 1929 erringt die BMW R 37 einen neuen Geschwindigkeitsrekord: 217 Stundenkilometer. Es folgt der berühmte Rekord von Ernst Henne mit 279,5 Stundenkilometern, der 1937 aufgestellt wird und bis 1952 ungebrochen ist (siehe Abbildung 2-4). Dieser Weltruhm lässt BMW Tausende Motorräder produzieren und bringt dem Unternehmen in der Nachkriegszeit erheblichen Wohlstand. Auch legen diese Rekorde die Wurzeln für BMWs Innovations- und Leistungsfähigkeit und für die Kernwerte Sportlichkeit und Agilität.

Mitte der zwanziger Jahre belebt die Aufhebung des Versailler Vertrags den Luftfahrtsektor wieder, da in Deutschland wieder Flugzeuge gebaut werden dürfen. Max Friz entwickelt dann den BMW VI Motor, eine 800 PS starke V12-Maschine, von der mehr als 70 000 Exemplare produziert werden. Doch währenddessen steigt BMW in das Automobilgeschäft ein.

Abb. 2-4 Ernst Henne und sein »ewiger Rekord« von 1937 bis 1952: 279,5 Stundenkilometer

BMWs Einsteig in das Automobilgeschäft

1928 erwirbt BMW unter Franz Josef Popp die Fahrzeugfabrik Eisenach AG und startet das große Abenteuer des Autobaus. Eisenach hat von Austin die Lizenz für ein kleines englisches Auto, den Austin Seven, gekauft und tauft es Dixi. BMW verbessert das Auto, und es ist 1929 als Dixi DA 2 der erste BMW, der im gleichen Jahr die Internationale Alpenfahrt gewinnt – eine unbezahlbare Werbung. Die Produkteinführung des Dixi, der ein voller Erfolg wird, sichert die Unabhängigkeit von BMW.

Aber Emil Georg von Stauss, Direktor der Deutschen Bank, will BMW und Daimler-Benz fusionieren, da er bei beiden Aufsichtsratsvorsitzender ist. Er hatte schon die Firmen Daimler und Benz im Jahre 1926 zu der neuen Daimler-Benz AG vereint. Es ist die Zeit der Hyperinflation in Deutschland und die Wirtschaftslage ist alles andere als rosig. Am 15. April 1926 wird ein Vertrag unterzeichnet, der die spätere Fusion einleiten soll und die Rollen klar festlegt: BMW baut Flugzeug- und Motorradmotoren sowie kleine Autos. Daimler-Benz hingegen produziert Flugzeugmotoren und große Mercedes-Benz Fahrzeuge. Der Zusammenschluss geht soweit, dass Daimler-Benz Händler sogar BMW Fahrzeuge verkaufen. Aber dann kommt es zum Vertragsbruch durch BMW. Mit dem 303 mit 6-Zylinder-Motor betritt BMW das angestammte Daimler-Benz Territorium der Oberklassenwagen und konkurriert mit dem Entwurf des Typs 326 direkt mit Mercedes-Benz. So kommt es 1933 zur Vertragsauflösung.

Mit dem Modell 303 will BMW seine technologischen Fortschritte vereinigen und seinen Ehrgeiz zeigen. Man braucht die 6 Zylinder, um nach Flugzeug- und Motorradweltrekord auch einen Weltrekord mit dem Auto zu erreichen – davon ist BMW unter Popp überzeugt. Das gestalterische Wahrzeichen von BMWs – die doppelte Niere – erscheint zum ersten Mal im Jahre 1933. Jedoch ist der Verkaufserfolg des 303 nur von kurzer Dauer, und er wird 1934 vom 309 und 315 abgelöst. Dazu kommt seit 1936 als Rennsportwagen der 328, dessen Rohrrahmenfahrgestell eine revolutionäre Neuerung im Rennwagenbau darstellte. Die Rekordliste des BMW 328 ist eindrucksvoll und auch wenn seine Verkaufsstückzahlen bis 1940 bescheiden sind, tragen die errungenen Siege entscheidend zum Renommee der Marke BMW bei.

Dann kommt nach dem Zweiten Weltkrieg der BMW 501, ein großes 6-Zylinder-Auto, das aber für die Nachkriegszeit etwas zu teuer ist. Man legt das Model 502 nach, das attraktiver und mit einem Aluminium V8 Motor ausgestattet ist. Am Anfang sind die Verkaufszahlen gut und erreichen 1956 3 736 Autos. Aber sie sinken schnell auf 1 700 Stück im darauf folgenden Jahr. Und es geht weiter bergab: die Verkäufe des 503 und des heutzutage legendären Coupé und Cabrio 507 (siehe Abbildung 2-5), die 1956 auf den Markt kommen, erreichen nur wenige hundert Stück. Dies alles verursacht ein großes Defizit bei BMW und die Zukunft sieht nicht rosig aus.

BMW reagiert schließlich auf die Kundenwünsche und baut ein Auto, das einen niedrigeren Preis hat. Der österreichische Motorrad- und Autorennfahrer Wolfgang Denzel, der seit 1952 Generalimporteur für BMW in Österreich ist, ermöglicht die Konstruktion und den Bau der Prototypen für den BMW 700 mit einem Motorradmotor. Wolfgang Denzel erkennt, worauf es bei BMW ankommt und entwickelt in nur vier Monaten den BMW 700 Coupé und Limousine. Die IAA im Herbst 1959 zeigt, dass man auf dieses Auto gewartet hat und es gehen 15 000 Vorbestellungen ein. Allerdings kommt es am

Abb. 2-5 1955 wird der legendäre BMW 507 geboren, ein wahrer Schatz an Designdetails, die bei BMW bis zum heutigen Tag zitiert werden

9. Dezember 1959 zu der historischen Hauptversammlung der BMW AG. Die spannende Frage war: wird der Zwerg mit 6000 Mitarbeitern von Daimler-Benz mit mehr als 60000 Mitarbeitern geschluckt oder nicht?

Das 700 Coupé mit seinem Motorradmotor war trotz seiner zahlreichen Vorbestellungen vom BMW-Vorstand bilanziell im gleichen Jahr und damit zu früh abgeschrieben worden. Aktienrechtlich bedeutete diese Fehlinformation, dass das Übernahmeangebot von Friedrich Flick durch Daimler-Benz mit nur 10 Prozent der Stimmen zurückgewiesen werden konnte. Und Herbert Quandt, BMW-Großaktionär, dem die ursprüngliche Idee der Transaktion zugeschrieben wird, verkaufte später seine Daimler-Benz Anteile an den Staat Kuwait. Quandt kümmert sich von nun an persönlich um BMW, wo er aus dem Hintergrund agierend in die Geschicke des Unternehmens eingreifen kann – zum Besten von BMW, wie sich zeigen wird. Sein Spruch zum 700er Mittelklasse Auto lautet: »Nicht billiger machen müsst ihr dieses Auto, sondern teurer.« Damit ist der Weg für BMW als Premiummarke geebnet, nachdem sowohl die Ausflüge in den Luxus- als auch in den Volumenbereich nicht tragfähig waren. Der BMW 700 hat sich als Retter erwiesen: mit 181000 verkauften Fahrzeugen kann nicht nur der Verkauf von BMW an Daimler-Benz abgewehrt werden, sondern mit ihm beginnt auch die Erfolgsgeschichte von BMW.

Im Herbst 1961 kommt Paul Hahnemann, später auch »Nischen-Paul« oder »Mr. BMW« genannt, als Verkaufschef von Daimler-Benz zu BMW, um dort den Grundstein für die zukünftige Premium-Automarke zu legen. Er erkennt das Potenzial des neuen BMW 1500 (siehe Abbildung 2-6), der zwar noch nicht serienreif ist, aber auf der IAA 1961 sehr gut ankommt. Hahnemann bringt das Auto zur Serienreife und der 1500 wird auf dem Markt zu einem Premiumpreis angeboten. Dieser Preis liegt deutlich über dem der vergleichbaren Autos der Konkurrenz wie Ford oder Opel – ein nicht unbeträchtliches Risiko.

Die Kunden akzeptieren den Preis für den Mehrwert, den der BMW 1500er bietet: Sportlichkeit, Image, Innovationen und Qualität. Diese Eigenschaften gibt es bei keinem anderen Wagen der gehobenen Mittelklasse und sowohl die Automobilpresse als auch die Kunden sind begeistert.

Abb. 2-6 Der BMW 1500 war 1962 ein Premiummeilenstein. Auch wenn der Produktionsanlauf etwas holprig war, war das sportliche Fahrverhalten den Kunden das Geld wert

Die Positionierung BMWs als Premiummarke in der Nische neben Mercedes-Benz, mit der Aufforderung und der Option von Mercedes auf BMW umzusteigen, ist ein voller Erfolg. Sie bringt Hahnemann den Namen »Nischen-Paul« ein. Die Nische wird immer größer und der BMW-Umsatz steigt unter Hahnemann bis 1971 um das siebenfache. Dann wird mit dem BMW 2500er Mercedes-Benz bei seinen Autos mit 2,5-Liter-Motoren frontal angegriffen. Dieser Erfolg zeigt, wie wichtig Vertrieb und Marketing für eine Premiummarke sind. Paul Hahnemann drückt es ganz einfach aus: »Die Hälfte einer Automobilfabrik liegt draußen im Vertrieb.«

Die Ära von Kuenheim

Zum 1. Januar 1970 betraut der BMW-Aufsichtsrat einen gewissen Eberhard von Kuenheim mit dem Vorstandsvorsitz der BMW AG, deren Großaktionär Herbert Quandt ist. Mit Herrn von Kuenheim beginnt das Ende der Pionierzeit von BMW als Premiummarke. Eberhard von Kuenheim ist 1965 als Direktor zuerst zu

Harald Quandt gekommen. Als dieser 1967 bei einem Flugzeugabsturz umkommt, wird er und BMW unter die Fittiche von dessen Halbbruder, Herbert Quandt, genommen. 1968 wird von Kuenheim Generalbevollmächtigter der gesamten Quandt-Gruppe und kurz darauf auch stellvertretender Vorstandsvorsitzender der Industriewerke Karlsruhe Augsburg (IWKA) AG.

Als von Kuenheim 1970 die Führung bei BMW übernimmt, produziert BMW etwa 150 000 Autos pro Jahr. Zehn Jahre zuvor hatte sich BMW noch in einer kritischen Lage befunden und nur dank des finanziellen Engagements von Großaktionär Herbert Quandt überlebt. In seiner 23-jährigen Amtszeit als BMW-Vorstandsvorsitzender entwickelt von Kuenheim das rein deutsche Unternehmen BMW von europäischer Geltung zu einem Weltunternehmen. Unter seiner Leitung erreicht BMW eine Spitzenposition als technisch innovatives, wirtschaftlich starkes und weltweit erfolgreiches Automobilunternehmen. Von Kuenheim schiebt 1975 die wichtige 3er-Reihe und 1977 die 7er-Reihe (siehe Abbildung 2-7) an. Er stimmt die Produktlebenszyklen der Modelle zeitlich so aufeinander ab, dass ein kontinuierliches Wachstum ohne große Rückschläge gewährleistet werden kann.

Abb. 2-7 Die BMW 7er-Reihe ist 1987 die erste Limousine aus deutscher Produktion nach dem Zweiten Weltkrieg, die einen 12-Zylinder anbietet – die Konkurrenz muss nachziehen

Von dem Wachstum BMWs profitieren Mitarbeiter, Staat und Eigentümer in hohem Maße. Die gute Rendite der BMW-Aktien entzieht Spekulationen über einen Verkauf der Quandts stets den Boden. Die Zahl der Arbeitsplätze hat sich in der Ära von Kuenheim verdreifacht; zeitweise kann BMW zwei Drittel aller neuen Arbeitsplätze in der deutschen Automobilindustrie schaffen. Zu den Standorten München und Berlin kommen sechs weitere Werke hinzu: in Landshut und Dingolfing, in Regensburg und Wackersdorf, in Eisenach und Steyr (Österreich). Eigene Werke entstehen in von Kuenheims Amtszeit auch in Südafrika und Nordamerika. Neugegründete BMW-Vertriebsgesellschaften in allen Schlüsselmärkten sichern die internationale BMW-Position ab.

BMW verzeichnet in der Ära von Kuenheim von allen Automobilherstellern weltweit das dynamischste Wachstum. Die Produktion erhöht sich bei BMW-Automobilen nahezu um das vierfache und bei BMW-Motorrädern um das dreifache. Der Umsatz steigt um das siebzehnfache: 1969 liegt er noch bei 1,4 Milliarden Mark pro Jahr, 1993 erreicht er 29 Milliarden Mark.

Eberhard von Kuenheim setzt Zeichen auf dem Kapital- und dem Personalmarkt, in der Produktentwicklung und auf den Absatzmärkten. Schon früh leitet er Systeme und Prozesse ein, die BMW schnelles und sicheres Handeln erlauben. BMW entwickelt unter seiner Leitung mehr als zweihundert Arbeitszeitmodelle in der Produktion. Heute ist das Unternehmen einer der begehrtesten deutschen Arbeitgeber und belegt in dieser Wertschätzung einen der vordersten Rangplätze in Europa. Kommunikation und Wissensaustausch werden bei BMW groß geschrieben. Beispielsweise ist das in den achtziger Jahren entstandene BMW Forschungs- und Ingenieurzentrum (FIZ) in München so angelegt, dass sich die Wege der Ingenieure verschiedener Abteilungen kreuzen, was zum Informationsaustausch beitragen soll.

Eberhard von Kuenheims Modellpolitik begleitet BMW auf dem Weg von einem Hersteller kleiner sportlicher Autos in das Premiumsegment des Automobilbaus. Kurzum, unter Eberhard von Kuenheim wird BMW schließlich zur etablierten Premium-Automarke.

Rover als Rettung aus der Krise?

Auf dem Heimatmarkt fängt BMW allerdings Anfang 1993 an zu schwächeln, da in Deutschland nach dem Wiedervereinigungsboom Rezession herrscht. Die Situation ist zwar besser als bei Mercedes-Benz, aber BMW kann sich der allgemeinen schlechten wirtschaftlichen Lage nicht entziehen. Ein idealer Zeitpunkt also für Eberhard von Kuenheim, das Zepter abzugeben, in den Aufsichtsrat zu wechseln und einer neuen Generation die Führung zu überlassen. So übernimmt am 13. Mai 1993 der damals 45-jährige Bernd Pischetsrieder den Vorstandsvorsitz bei BMW und der 44-jährige Wolfgang Reitzle bekommt eine Verlängerung seines Vorstandsvertrages. Eigentlich hatte sich Reitzle gute Chancen auf den Chefposten bei BMW ausgerechnet, aber von Kuhnheim hatte ihm nicht verziehen, dass er beinahe den Vorstandsvorsitz bei Porsche angenommen hätte und nur durch seinen Vertrag bei BMW daran gehindert worden war. So wird Reitzle, der einen nicht zu unterschätzenden Beitrag für BMW geleistet hatte, durch ein neu geschaffenes Superressort für Gesamtentwicklung, Einkauf und technische Zentralplanung bei BMW gehalten.

Die Stimmung 1993 ist düster und die allgemeine Meinung in der Automobilindustrie ist, dass es für die Kleinen schwer sein wird, zu überleben. Die großen Unternehmensstrategie-Beratungsfirmen entwerfen negative Zukunftsszenarien, in denen maximal fünf gigantische, multinationale Autogruppen überleben. Größe ist das gepredigte Allheilmittel gegen die Gefahr aus Japan und die Rezession. So ist die Versuchung für BMW groß, Rover zu übernehmen, denn zusammen mit Rover kommt BMW über Nacht an die damals als magisch angesehene Grenze von 1 Million produzierten Autos. Der Erfolg scheint absehbar und am 18. März 1994 übernimmt BMW die Rover-Gruppe. Das junge, dynamische Duo Pischetsrieder und Reitzle legt den Plan vor, von Kuenheim segnet ihn ab und wünscht seinen Zöglingen Fortune – und die wird wider Erwarten schwer gebraucht. Es gibt keinen anderen Weg als die Übernahme der gesamten Rover Gruppe, denn eine Übernahme nur eines Teils von Rover, wie schon 1987 von Reitzle vorgeschlagen, würde am Veto der britischen Regierung scheitern.

Wie wäre es, wenn man die in der Rover-Gruppe aufgegangenen

Markenlegenden wie MG, Mini, Reliant oder van den Plas in die Markenstrategie der BMW-Gruppe aufnehmen würde, um die markenungefährliche Portfolioerweiterung nicht nur im Bereich der Geländewagen, sondern auch bei Kleinwagen, Sportwagen, Luxuslimousinen umzusetzen? Könnte man das durch die langjährige Kooperation mit Honda vorhandene Technologie- und Produktions-Know-how von Rover in die eigenen Prozesse einbringen? Oder sollte man quasi nebenbei noch eine etablierte Kompaktwagenmarke übernehmen, um damit die in der Automobilindustrie seit der Krise Anfang der neunziger Jahre herbeigeredeten Größeneffekte zu erzielen? Wie wäre es, wenn Bernd Pischetsrieder, der Großneffe von Sir Alec Issigonis, dem Gestalter des ersten Mini, als Retter der englischen Automobilindustrie auftreten könnte?

Zunächst verläuft alles sehr ermutigend, die gemeinsamen Entwicklungsprogramme für den Rover 75, den Land Rover Freelander sowie für einen neuen Range Rover laufen zügig an. Skaleneffekte werden beispielsweise erzielt, indem der Rover 75 die Plattform des 5er BMW als Unterbau nutzt, wobei die Umkonstruktion von Hinter- auf Vorderradantrieb allerdings aufwändig ist. Auch teilt sich der Range Rover mit dem BMW X5 Plattform und Motoren.

Schon bald und bei genauerem Hinsehen zeigt sich aber, dass die gesamte Rover-Gruppe viel zu lange am Tropf der britischen Regierung und des übermächtigen technologischen Partners Honda gehangen hat, um noch eigenständig funktional zu sein. Außerdem ist der Wechselkurs des britischen Pfunds auf einem wettbewerbsschädlich hohen Niveau und wird dort auch noch wider Erwarten lange Zeit bleiben.

Die existierenden Rover-Modelle – allesamt umständlich konstruierte Ableger von Honda-Plattformen – sind weitgehend veraltet und sprechen nur noch die Traditionalisten unter den Kunden an. Schlimmer noch, es gibt keine Pläne für konkrete Modellpflegemaßnahmen oder Fortentwicklungen. Alle hatten auf die weitere Kooperation mit den Japanern vertraut, die zur gegebenen Zeit schon ein passendes Fahrzeug zur Verfügung gestellt hätten. Dies hätte man dann mit kleinen Modifikationen dem englischen und anglophilen Publikum weiterverkauft.

Es zeigt sich sehr schnell ein weiteres Problem im mittelfristigen Planungshorizont: während die aktuellen Modelle mehr oder minder stabil im Markt stehen, werden die visionären Innovationen und neuartigen Produktkonzepte durch erfahrene Strategen und Techniker aus München entwickelt. Das Problem dabei ist, das Unternehmen so lange am Leben zu erhalten, bis die neue Produktgeneration fünf bis sieben Jahre später auf den Markt kommt. Zusätzlich muss dringend etwa an der miserablen Fertigungsqualität der Produkte getan werden, während gleichzeitig alle Strukturen zu verschlanken und zu optimieren sind.

Der BMW-Vorstand begnügt sich zunächst damit, die erkannten Defizite in bewährter Manier als Aufträge an das Rover-Management zu adressieren – doch nichts geschieht. Im Zuge des Bietergefechts mit Honda, die ebenfalls an eine positive Zukunft für Rover geglaubt hatten und stark an einer Übernahme interessiert waren, ist viel Geschirr zerschlagen worden, sodass sich die Japaner in der weiteren Pflege der vorhandenen Modelle zusehends zurückziehen. Damit sind die Rover-Mitarbeiter völlig auf sich alleine gestellt. Sie müssen sich aber eingestehen, die Produkte und Prozesse nicht gut genug zu kennen, um sie selbständig weiterzuführen.

Ohne operative Konvergenz- und Zusammenarbeitsziele bleibt es bei sporadischen Kooperationsprojekten zwischen BMW und Rover, die erst viel zu spät darauf abzielten, traditionelle Strukturen des britischen Partners auf deutsche Normen umzustellen.

Alle diese Projekte werden der Form nach erfolgreich abgeschlossen. Allerdings ändert sich zum allgemeinen Entsetzen nichts zum Besseren, sondern es werden neben immer unglaublicherem Abschreibungs- und Rückstellungsbedarf auch operativ immer schlechtere Ergebnisse erzielt. Der dauerhaft hohe Pfundkurs tut für die Exporte ein Übriges. Die Importeure in Großbritannien reagieren, indem sie wechselkursbedingt die Preise senken – sehr zum Schaden von Rover.

Die Verluste beim einstigen Heilsbringer Rover steigen innerhalb nur eines Jahres von 260 Millionen Mark 1997 auf 1,8 Milliarden Mark 1998 an. Das bedeutet, dass Rover 1998 fast die Hälfte des Gewinns von BMW vernichtet und ein Ende nicht absehbar ist. Sollte es im darauf folgenden Jahr so weitergehen, würde die Tochter Rover die Mutter BMW in den Abgrund stürzen. Dies wäre eine Horrorvision, insbesondere für den Hauptaktionär, die Familie Quandt. Johanna und die Kinder Stefan Quandt und Susanne Klatten besitzen etwa 47 Prozent der BMW-Aktien und müssen nach vierzig Jahren erfolgreichen Investments die Weichen für die nächsten erfolgreichen vierzig Jahre stellen – es geht wieder einmal um das Überleben von BMW.

Lieber ein Ende mit Schrecken als ein Schrecken ohne Ende

Am Freitag, den 5. Februar 1999, um 11 Uhr kommt der Aufsichtsrat der BMW AG unter der Führung Eberhard von Kuenheims zu einer außerordentlichen Sitzung in München zusammen, um über die Lage der Konzerngesellschaft Rover zu beraten. Der Vorstandsvorsitzende, Bernd Pischetsrieder, gibt einen ausführlichen Rechenschaftsbericht über die wirtschaftliche Lage, die durchgeführten und geplanten Maßnahmen und die zu erwartende Entwicklung der Tochtergesellschaft ab. Abschließend erklärt er, dass er für die bisherige Entwicklung die volle Verantwortung übernehme und bereit sei, sein Amt zur Verfügung zu stellen.

Die Aufsichtsratsmitglieder sind nur mäßig überrascht, denn alle entscheidenden Punkte wurden bereits vorab in diskreten Zwiegesprächen zwischen dem Aufsichtsrat, dem Vorstand und den Hauptaktionären der Familie Quandt diskutiert und mit Entscheidungsszenarien hinterlegt.

Bernd Pischetsrieder ist von den zum Teil heftigen Angriffen der Öffentlichkeit, der Banken und der Presse schwer angeschlagen und entkräftet. Seit längerer Zeit hat er sich selbst schon große Vorwürfe gemacht, die Lage bei Rover nicht richtig eingeschätzt und nicht härter korrigiert zu haben. Letztlich hat Rover nicht nur dem wirtschaftlichen Erfolg, sondern auch dem Unternehmensimage von BMW Schaden zugefügt.

Der beiläufige Erwerb der angesehensten Geländewagenmarke der Welt, Land Rover, ursprünglich als strategischer Schachzug gedacht, entwickelte sich zu der schwersten Unternehmenskrise seit dem Neubeginn in der Nachkriegszeit. Die Geländemarke Land Rover im Verbund mit BMW sollte eine perfekte Ergänzung sein, um die hoch profitablen und stark wachsenden Sport Utility Vehicle (SUV)-Segmente mit passenden Produkten zu bedienen, ohne die traditionellen Werte der Kernmarke in Frage zu stellen. Doch all diese Theorie bewahrheitet sich nicht und selbst Land Rover macht unter BMW Verluste, bis es an Ford abgestoßen wird.

Am Abend seiner Demission erhält Pischetsrieder einen Anruf von Ferdinand Piëch, dem Chef des Volkswagen-Konzerns, der ihm das Angebot macht, jederzeit bei Volkswagen einzusteigen. Nach einer Kunstpause von nur wenigen Monaten tritt Bernd Pischetsrieder als Chef von Seat und Konzern-Qualitätsbeauftragter in Piëchs Dienste und steht 2002 als Nachfolger Piëchs, als Vorstandsvorsitzender der Volkswagen AG, fest.

Nach Bernd Pischetsrieders Rücktritt muss bei BMW der Nachfolger gefunden werden, der die vom Aufsichtsrat so ersehnte, neue reibungslos funktionierende Strategie entwickeln und ausführen soll. Wolfgang Reitzle, im BMW-Vorstand verantwortliche für »Markt und Produkt«, setzt alles auf eine Karte. Mit einem Angebot von Ford, die neu geschaffene Luxusgruppe Premier Automotive Group (PAG) mit Volvo, Jaguar, Aston Martin und Land Rover zu leiten in der Tasche, schlägt Reitzle dem Aufsichtsrat vor, die Marke Rover komplett zu schließen und nur MG und Mini zu behalten, so wie er es ursprünglich geplant hatte. Allerdings sind diese Szenarien bereits zuvor von den Arbeitnehmervertretern im Aufsichtsrat abgelehnt worden, sodass Wolfgang Reitzles erneuter Vorstoß nur dazu führt, dass auch er das Unternehmen verlassen muss.

Nachfolger als BMW-Vorstandsvorsitzender wird Professor Joachim Milberg, der seit 1993 Produktionsvorstand ist. Noch steht Milberg voll hinter Rover und verteidigt es damit, dass man in dem volumenstarken Segment der Golf-Klasse vertreten sein muss – das hat er aus seiner Erfahrung beim Werkzeugmaschinenbauer Gildemeister im Kampf gegen die japanische Konkurrenz gelernt. Doch der hohe Pfundkurs macht alle Hoffnungen für Rover zu Nichte. Das Unternehmen Rover wird im Mai 2000 an das aus einigen englischen Geschäftsleuten zusammengesetzte und unter der Leitung des ehemaligen CEO von Rover stehende Phoenix-Konsortium für den symbolischen Preis von 10 Pfund abgestoßen – das Ende mit Schrecken eines 10 Milliarden Mark teuren Abenteuers.

BMW ist auch alleine stark

Joachim Milberg versteht die Hinweise der Quandtfamilie eindeutig. Kurzfristig eliminiert er alle Herde potenzieller oder tatsächlicher Unruhe, einschließlich Rover und dreier lang gedienter Vorstände, die nach ihrer Demission bei BMW immerhin noch gut genug waren, den Posten des Vorstandsvorsitzenden in anderen Unternehmen zu übernehmen. Nicht umsonst gilt BMW als die »Kaderschmiede der Nation.« Hier herrscht die Härte des persönlichen Wettbewerbs und eine vollständig auf Leistung getrimmte Unternehmenskultur. Es zeigt sich einmal mehr, dass BMW eben nicht ein durch anonyme Gremien geführter Industriekonzern ist, sondern ein von einer sehr kleinen Gruppe wirklicher Unternehmer beseeltes Unternehmen. »Erstklassige Manager suchen sich erstklassige Mitarbeiter, zweitklassige Manager suchen sich drittklassige Leute.« Dementsprechend sagt das interne Führungsleitbild von BMW unter anderem: »Suchen Sie sich Mitarbeiter, die das Potenzial haben, Sie zu überholen.«

BMW hat seit dem Abschluss des Rover-Abenteuers wieder eine gesunde Ertragsstruktur. Außerdem hat BMW das beste internationale Markenimage, die ausgewogenste Modellpalette und das am besten absehbare Wachstumspotenzial. Doch was sind die Risiken?

Es gibt unübersehbare Schwächen der zugekauften Marken Mini und Rolls-Royce, die jeweils nur für ein einzelnes Produkt stehen und so voll vom Lebenszyklus eines einzigen Hauptprodukts abhängen. Die Konzentration der BMW-Markenpositionierung auf das Thema Fahrspaß bedeutet eine hohe Anfälligkeit bei einem möglichen gesellschaftlichen Wertewandel, durch den der Fahrspaß weniger wichtig wird.

Die Ertragsstruktur von BMW ist am stärksten im Bereich der 3er-Baureihe, die zusätzlich auch die größte Volumenbasis der Marke bildet. Damit hat sich BMW im Strom des zunehmenden Premiumtrends sicher positioniert und kann auf einen steten Zustrom relativ junger, aber gleichwohl finanziell starker Kunden setzen. Während die 3er-Reihe in Westeuropa durchaus funktionale Ansprüche erfüllt, insbesondere durch die populären Touring-Modelle in Verbindung mit modernen Diesel-Aggregaten, ist das Format knapp genug, um in den USA als kompakter Sportwagen durchzugehen.

In Süd-Ost-Asien hat eine langfristig angelegte Lokalisierungsstrategie in Kombination mit einer flexiblen Preisgestaltung zu einer tiefen Verankerung im Markt geführt. Mit der 3er-Reihe ist also das Schicksal der Firma BMW sehr eng verknüpft, und vieles hängt am Erfolg dieses Models, das sich keinen Patzer erlauben darf.

Die nächstgrößere Baureihe, die 5er-Serie, leistet einen geringeren Beitrag zum Unternehmensergebnis, bietet aber treuen BMW-Kunden die Möglichkeit des Aufstiegs, falls die 3er-Reihe finanziell oder funktional nicht mehr den Ansprüchen genüg. Die Fahrdynamiksysteme in der neuen 5er-Baureihe, die Aktivlenkung sowie das aktive Fahrwerk, zeigen beide überragende innovative Fortschritte und setzen damit die traditionelle Überlegenheit von BMW im Bereich der Fahrdynamik fort. Diese Innovationen auch in Zukunft bieten zu können wird auch weiterhin die zentrale Herausforderung sein.

Sehr klar zeigt sich die marginale Bedeutung der 7er-Reihe in der mehr als sprunghaften Positionierungsstrategie, die mit jeder Ausgabe bisher eine radikale Kehrtwendung vollzog. Allerdings ist trotz der heftigen Design Kritik im Inland die aktuelle 7er-Reihe im Ausland sehr erfolgreich.

Die 3er-Serie ist immer noch der Erfolgsträger

Das Phänomen der 3er-Reihe beginnt 1975, als unter von Kuenheim mit den Typen 316 und 318 die Nachfolger der Serie 1600/1602 präsentiert werden. Die sportlichen Ableger dieser Serie, die Typen 1802 und 2002, sorgten mit dem stark motorisierten 2002 Turbo für Aufruhr auf der IAA 1973, da sie vor dem Hintergrund der Ölkrise und allgemeiner Energieverknappung als nicht zeitgemäß empfunden wurden. Bob Lutz, der sich bei BMW sehr für den 2002 Turbo eingesetzt hat, muss gehen: das Modell war zwar gut für das Image, aber der Absatz ein Flop. Gerade durch die einmaligen Kombination von kompaktem, sportlich ausgelegtem Fahrzeug mit den seidenweich laufenden Reihen-6-Zylindern der Typen 320 und 323 beziehungsweise 320i und 323i, jeweils mit Einspritzmotoren, etabliert sich die 3er-Reihe als Symbol des erreichbaren Luxus und verbindet die Werte der kompakten Limousine mit individuellem Fahrspaß (siehe Abbildung 2-8).

Abb. 2-8 Die 3er-Reihe mit ihren vielen Varianten (hier als Cabrio) ist seit 1975 der Hauptumsatz- und -ertragsbringer von BMW

Der Reihen-6-Zylinder-Motor sollte sich auch in der Zukunft als identifizierendes Merkmal aller BMW-Fahrzeuge durchsetzen, auch wenn mit Rücksicht auf regionale Marktgegebenheiten auch andere Konfigurationen angeboten werden müssen. Die Spitze der 3er-Serie markiert seit 1986 jeweils der M3 der Motorsport GmbH, der mit seinen Leistungsdaten an die Grenzen der Ausbaubarkeit des Konzepts stößt. Beispielsweise verbindet der M3 in seiner jüngsten Ausbaustufe als M3 CSL, unter Verwendung exotischer Materialien und radikaler Leichtbaumaßnahmen, die Leistungswerte eines Hochleistungssportwagens mit der diskreten Eleganz eines kompakten Coupés.

Ab 1994 wird eine Einstiegsvariante der 3er-Baureihe mit Schrägheck als Compact angeboten, die trotz der Technik der Vorgängerbaureihe und spartanischer Ausstattung doch wieder den Scharfsinn der BMW-Marketingstrategen beweist: Sie erfüllen die stetig weiter expandierenden Leistungs- und Komfortansprüche der oberen Golf-Klasse mit einem höchst fahraktiven Fahrzeug. Der Compact beschert BMW in Europa eine stetig weiter anwachsende Gemeinde von Neuwagenkäufern, während in den USA und anderen Auslandsmärkten die Markenwahrnehmung mit dem Konzept eines

»billigen« Schrägheckfahrzeugs offensichtlich weniger gut in Verbindung zu bringen ist.

Als sechs Jahrs später endlich Mercedes-Benz mit dem Sportcoupé der C-Klasse eine gleichwertige Alternative auf den Markt bringt, liegen bei BMW bereits die Pläne für die nächste Ausbaustufe des Erfolgsmodells der 3er-Reihe in der Schublade. Statt einer abgespeckten Variante mit vereinfachter Technologie, soll die nächste Generation als 1er-Reihe von vornherein auf die Ausprägung in zwei Karosseriefamilien angelegt werden.

Der zweite Wachstumsimpuls aus eigener Kraft

Während die klassischen 3er-Modelle für das komplette Angebot an Motoren, bis hinauf zum M3 ausgelegt werden, soll die neue kompaktere 1er-Reihe ausschließlich mit 4-Zylinder-Motoren ausgestattet werden. Nach der kompletten Einführung der 1er-Reihe soll dann die 3er-Reihe, ausgehend von einer einzigen Karosserievariante, der viertürigen Limousine, zu zwei kompletten Produktreihen mit bis zu sieben Konzepten ausgewachsen sein. Die wirtschaftlich intelligente Idee hinter den beiden parallel laufenden Produktlinien ist, dass sie einen großen Teil der wirklich teuren Komponenten wie Antriebsstrang, Getriebe, Elektronik, Innenausstattung und Armaturentafel gemeinsam verwenden, während die »billigen« Teile wie Karosserie und Anbauteile für kundenrelevante Differenzierung sorgen.

Sogar die beiden möglichen Schwächen dieses stringenten Verblockungskonzepts werden in marketingseitige Stärken umgewandelt. Die strenge Festlegung auf den traditionellen Hinterradantrieb, den die 3er-Reihe erforderlich macht, wird als fahraktives Alleinstellungsmerkmal des 1-ers im Golf-Segment verkauft und die Fixierung auf 4-Zylinder-Motoren, die zur Abgrenzung der beiden Baureihen erforderlich ist, ermöglicht die Wiederbelebung des klassischen »Bürgerschrecks« 2002 Turbo, aus dem gleich eine komplette 2er-Serie mit Fokus auf den amerikanischen Markt abgeleitet wird.

BMW steht inmitten des zweiten großen Expansionsschubs des Unternehmens, der aus organischem Wachstum erfolgt, also ohne Übernahmen. Der erste Ansatz, sich über Zukäufe zu vergrößern und damit den Hauptrivalen Mercedes-Benz zu überholen, hat nicht nur Milliarden Euro verschlungen, sondern auch zehn Jahre Zeit gekostet. Ohne diesen Verzug wäre BMW heute schon dort, wo sich das ehrgeizige unternehmerische Ziel der Münchner befindet: vor Mercedes-Benz, mit größerem Absatzvolumen und höherer Profitabilität. Allerdings sind die Lerneffekte der gemachten negativen Erfahrung heute von großem Nutzen.

In der ersten Expansionswelle der siebziger Jahre, als unter von Kuenheim aus der unkoordinierten Mischung von Einzelprodukten die stark synergetische Portfoliostruktur der 3er-, 5er- und 7er-Serien abgeleitet wird, trifft man mit Mercedes-Benz auf einen völlig unvorbereiteten Gegner, der auch die in der Produktstrategie enthaltene Herausforderung zunächst gar nicht wahrnimmt.

BMW betreibt heute ein sehr präzises Management der eigenen Ressourcen und Fähigkeiten, statt vorhandene Prozesse und Wertschöpfungsmechanismen auf immer andere Segment und Unternehmen zu erweitern und zu übertragen. Je nach Geschäftsfeld und unternehmerischer Problemstellung sind unterschiedliche Ergebnisse denkbar.

Beispielsweise leistet sich BMW weiterhin den Luxus einer eigenen Motorenfertigung für die längs eingebauten Motoren der 3er-, 5er- und 7er-Reihe, während andere Autobauer dazu übergegangen sind, die Entwicklung und Fertigung von Großserien-Aggregaten auf die Zulieferer zu verlagern. Erst nach extrem langwieriger interner Diskussion wird eine Aufspaltung der Strategien beschlossen. Während das Feld der Dieselmotoren durchgängig über exklusive Kooperationen mit den leistungsfähigsten Partnern abgedeckt wird, kommt den Benzinmotoren die Rolle eines strategischen Kernfelds zu. Von der Basisinnovation der Valvetronic, einem System mit dem Potenzial, die kostspielige Direkteinspritzung überflüssig zu machen, bis hin zum leistungsfähigsten Motor der Formel-1 werden alle Benzinmotoren als Kernkompetenz in Eigenregie entwickelt.

Bei den Kernbaureihen zählt die Entwicklung, Herstellung und Montage der Karosserie zu den Kernkompetenzen des Unternehmens, doch das Chassis des neuen kompakten Geländewagens X3 ist fast komplett durch den Kooperationspartner Magna Steyr in Graz erstellt worden, der zusätzlich auch die Gesamtfertigung in Eigenverantwortung übernommen hat.

BMW hat sich nach dem Ende des Rover-Engagements sehr

schnell umgestellt und agiert inzwischen souverän zwischen den Extremen der völligen Eigenwertschöpfung einerseits und der kompletten Delegation und Kooperation andererseits. Interessanterweise ergeben sich trotz dieser unterschiedlichen Arten der Leistungserbringung doch wieder höchst konsistente Ergebnisse, was Rückschlüsse auf die überragende Bedeutung der Unternehmenskultur zulässt.

Die Unternehmenskultur von BMW

Mit jedem dieser Beispiele wird deutlich, dass in der Unternehmenskultur von BMW nicht nur das Prinzip und die Forderung maximaler Leistung, sondern offensichtlich auch unternehmerische Kreativität und Selbstverantwortung unterstützt werden.

Das Führungsprinzip des BMW-Vorstands beruht auf dem Erteilen von Aufträgen, deren Lösungswege zu erarbeiten weitestgehend den beauftragen Stellen überlassen bleibt. Protokolle der Vorstandssitzungen, die bei anderen Unternehmen durch komplizierte Abstimmungsprozesse in eindeutige und den Willen des Vorsitzenden exakt wiedergebende Worte gepresst werden, sind bei BMW bewusst ambivalent formuliert. Sie enthalten sogar widersprüchliche Meinungsäußerungen der Vorstandsmitglieder, um den optimalen Lösungsweg eines erteilten Auftrags nicht festzulegen und vorzuschreiben. Auf diese Weise erfolgt eine konsequente Delegation der Entscheidungsverantwortung durch den Vorstand auf die operativen Ebenen, was dem einzelnen Entscheidungsträger eine hohe Selbstverpflichtung abverlangt. Nicht umsonst gibt es ein gut funktionierendes Netzwerk ehemaliger BMW-Manager, die herausragende Funktionen in anderen Unternehmen bekleiden. Insbesondere Porsche ist bekannt dafür, sich das Know-how der BMW-Ehemaligen zu sichern. Die Führung bei BMW selbst erfolgt letztlich immer unter dem Vorbehalt der Vermittelbarkeit gegenüber dem Mehrheitsanteilseigner, was durch den extrem ausgeprägten Kontakt zwischen Vorstand und Aufsichtsrat abgesichert wird.

Diese Unternehmenskultur garantiert eine auf Kontinuität und Langfristigkeit angelegte Unternehmensentwicklung. Sprunghafte Änderungen werden nur dann angestrebt, wenn es einen unmittel-

baren unternehmerischen Grund dafür gibt. Sicherlich hat die durch
Rover ausgelöste Krise nachhaltig dazu beigetragen, dass sich BMW
über die eigenen Stärken und Ziele klar geworden ist, doch ist die
unternehmerische Qualität von BMW schon seit der Fastübernahme
durch Daimler-Benz vorbildlich in der deutschen Automobilindustrie.

Die Kaderschmiede der Nation

Eberhard von Kuenheim ist neben zahlreichen Innovationen auch
für die Förderung des Nachwuchses verantwortlich und dank seiner
Initiative als Vorstandsvorsitzender gilt BMW heute wegen seiner
exzellenten Personalauswahl und Personalentwicklung als die Kaderschmiede der Nation. Wer Karriere bei BMW macht, kann jedoch
eine Karriere bei Mercedes-Benz normalerweise an den Nagel hän-
gen, denn seitdem die Firmenpatriarchen Flick und Quandt ein
Nichtabwerbeabkommen abgeschlossen haben, gilt dieses auch für
die Personalfluktuation zwischen Mercedes-Benz und BMW.

So wechseln ehemalige BMW-Manager aber zu der direkten Konkurrenz oder den Autozulieferern wie beispielsweise Aston Martin,
Audi, Beru, Continental, Fiat, Ford, GM, Infineon, Opel, VW oder
WET. Sie bringen Ideen und Know-how von BMW mit, die sie bei
ihrem neuen Arbeitgeber umsetzen, getreu dem Motto: »Führen ist
eine persönliche Leistung, das Eingehen von Risiken, und nicht nur
das Anwenden von Richtlinien, Vorschriften und Systemen.« Dieses
Führungsleitbild von BMW prägt das Selbstverständnis der BMW
Manager, auch nach dem Verlassen von BMW.

BMW setzt auf Premium

BMW erfüllt die Anforderungen einer Premiummarke in besonders konsequenter Weise und ist deshalb hervorragend aufgestellt, die weitere Entwicklung des Premiumsegments und damit des
Kernfelds der deutschen Automobilindustrie entscheidend mitzu-
gestalten. Sowohl die starke Identität von Marke und Unternehmen,
das seinerseits wieder durch eigene Stärke zur Unterstützung der

Marke beiträgt, als auch die durchgehende Exzellenz der einzelnen innovativen Produkte, die sich wiederum konsequent in das Markenbild einreihen, verhelfen dem Produkt BMW zu einer herausragenden Stärke und Dynamik. BMW-Chef Panke sieht eine seiner Hauptaufgaben bei BMW darin, zu entscheiden, ob eine neue Produktidee zu BMW passt oder nicht, ob es also dem Kern der Marke BMW entspricht.

Die konsequent auf Leistung und Eigenverantwortung ausgerichtete Unternehmenskultur, zusammen mit der Unternehmerfamilie Quandt im Hintergrund, verhilft den Mitarbeitern zu einer positiven Identifikation und Personifikation mit dem Unternehmen, sodass letztlich der Erfolg des Unternehmens die Werte der Unternehmenskultur wieder bestärkt.

Was hat BMW aus der Rover-Misere gelernt? Besonders, dass Premiummarke und Volumenmarke nicht zusammen passen. Der Vorstandsvorsitzende Helmut Panke stellt fest:»Man kann sich nicht als Hersteller von Premiumfahrzeugen positionieren, wenn man eindimensional nur die niedrigen Kosten im Blick hat. Die Nachfrage geht klar nach oben in den Premiumbereich und zum anderen in den Massenmarkt der Volumenhersteller. Kostenkontrolle ist auch bei den Premiumherstellern wichtig, doch bei Premiummarken kommen noch andere Herausforderungen hinzu. Wir müssen vor allem technisch vorne sein und legen in besonderer Weise Wert auf Substanz unserer Fahrzeuge und Authentizität der Marken.« Rover konnte diese Ansprüche offensichtlich nicht erfüllen.

Hungrig nach Erfolg

BMW-Chef Panke predigt seinen Führungskräften, dass es kein Zurücklehnen geben darf, kein Ausruhen auf dem bisherigen Erfolg: »Wir müssen immer hungrig bleiben nach dem Erfolg.« Auch von Kuenheim hat als BMW-Lenker seine Mitarbeiter in der Weise angespornt. Das Management sollte nicht der Selbstüberschätzung verfallen, da diese weitere innovative Spitzenleistungen hemme.

Historisch gesehen spielt die Motorradproduktion eine wichtige Rolle für die Heritage, also Geschichte und Tradition, der Premiummarke BMW, weil sie die Werte Agilität und Fahrspaß besonders betont, die beim Motorradfahren ein Muss sind. Außerdem haben die Motorradgeschwindigkeitsrekorde in der Vergangenheit auch intern die Wichtigkeit von Innovation und Wettbewerbsfähigkeit klargemacht. Beide Eigenschaften sind heute fest in der Unternehmenskultur von BMW verankert. Dabei ist für BMW-Chef Panke die starke Fokussierung in der Premiumpositionierung wichtig: »Wir versuchen, für einen Teil des Marktes 100 Prozent der Erwartungen zu erfüllen. Nicht für 100 Prozent des Marktes nur einen Teil der Erwartung.«

Die Innovationen von BMW sind im emotionalen Bereich der Erlebnisvermittlung anzusiedeln, denn wie soll man Fahrspaß anders messen als durch individuelle Testeindrücke? Das ist nicht patentierbar, aber auch nicht einfach messbar – und am allerschwersten nachzuahmen. Auch das Marketing ist hier gefordert, da der Kunde im wahrsten Sinne des Wortes die Premium Power von BMW »erfahren« muss. Das Firmen-Motto »Freude am Fahren« trifft eindeutig den Premiumvorteil von BMW und könnte diesen nicht besser beschreiben.

Die Unternehmenskultur von BMW spielt eine entscheidende Rolle: wer bei BMW arbeitet, »erfährt« recht schnell, was Freude am Fahren heißt und was einen BMW von der Konkurrenz unterscheidet. In Kombination mit der BMW-Tradition, dass Manager dazu angehalten sind, ihre Entscheidungen unabhängig und unternehmerisch im Sinne der BMW-Philosophie zu treffen, schafft sich BMW einen guten Vorsprung vor der Konkurrenz – sowohl aus der Mitarbeiter- als auch aus der Produktperspektive.

Die wichtigsten Innovationen von BMW
1925: Erste Zylinderköpfe aus Leichtmetall für Motorräder
1935: Erste hydraulisch gedämpfte Teleskopgabel für Motorräder
1954: Erster Aluminium V8-Motor im Automobilbau
1973: Erstes Auto in Europa mit Abgasturbolader (2002)
1976: Erste rahmenfeste Vollverkleidung für Motorräder
1976: Erstes Auto mit Check-Control zur Überwachung der Funktionen (6er-Reihe)

1977: Erster elektronisch gesteuerter Tachometer
1978: Erstes Auto in Europa mit Klimaautomatik (733i)
1980: Erstes Auto in Europa mit Bordcomputer (745i)
1981: Erstes Auto mit direktmessender Verbrauchsanzeige (5er-Reihe)
1984: Erster Serienkatalysator in Europa
1987: Erstes deutsches 12-Zylinder-Auto der Nachkriegszeit (750i)
1992: Erstes Auto in Europa mit aktiver Hinterachskinematik (850i)
1992: Erstes Auto weltweit mit gecrackten Pleuel (7er-Reihe)
1994: Erstes integriertes Navigationssystem in Europa
1994: Erstes Automobil mit Xenon-Licht (7er-Reihe)
1996: Erstes Auto weltweit mit Kennfeldkühlung (Kühlung nach Leistungsbedarf)
1988: Erstes Anti-Blockier-System (ABS) für Motorräder
1991: Erster Katalysator für Motorräder
2001: Valvetronic: erster Motor mit variabler Ventilöffnung
2001: I-Drive: Drehknopfgesteuerte Multimedia-Bedienung der elektronischen Funktionen
2001: Erstes Auto mit adaptivem Bremslicht (bremskraft-abhängige Leuchtflächen)
2003: Aktivlenkung: erste Lenkung mit variabel geregelter Lenkübersetzung
2003: Aktives Kurvenlicht: dynamisch gesteuertes Kurvenlicht
2003: Head-up Display: Fahrerinformationen werden in die Scheibe projiziert
2004: xDrive: intelligentes Allradantriebskonzept mit aktiver Fahrdynamikregelung

Kapitel 3
Mercedes-Benz
– Der Erfinder des Automobils

»Herausragende Innovationen auf dem Gebiet der aktiven und passiven Sicherheit dokumentieren ein weiteres Mal die Rolle von Mercedes-Benz als führende Premiummarke.«

Jürgen Hubbert, Vorstand der DaimlerChrysler AG, Mercedes Car Group

Die Show muss weitergehen

Jürgen Hubbert wirkt am ersten Pressetag der IAA 2003 wieder einmal äußerst professionell und entspannt, denn er hat dafür gesorgt, dass alles klappen wird. »Mr. Mercedes«, wie er häufig genannt wird, blickt auf die große Schar von Vertretern der Presse und der Industrie in der Frankfurter Messehalle, als die Show beginnt. Dann legt Jürgen Hubbert wie geplant pünktlich los: »Herzlich Willkommen bei Mercedes-Benz. Mercedes-Benz hat eine unverwechselbare Markenidentität, die auf Exklusivität, Sicherheit, Qualität, Komfort und Langlebigkeit beruht – und das nun schon seit über hundert Jahren. Im vergangenen Jahrzehnt hat sich die Marke Mercedes-Benz weiterentwickelt wie noch nie zuvor in ihrer Geschichte. Mit attraktiven neuen Produkten, mit deutlich gesteigerter Produktivität, mit globalen Standorten und einer Mannschaft in Entwicklung, Produktion und Vertrieb, die sich erfolgreich täglich dem internationalen Wettbewerb stellt. Im Rahmen der ersten Produktoffensive haben wir neue Segmente für die Marke erschlossen und Absatz, Umsatz und Ertrag mehr als verdoppelt.«

Der erste Seitenhieb, die Enthüllung des E-Klasse-Coupés CLS

Abb. 3-1 Die elegante Autostudie CLS kommt auf der IAA gut beim Publikum an, so dass der Produktionsplan von 60 000 Einheiten pro Jahr öffentlich bestätigt wird

(siehe Abbildung 3-1), ist nach München gerichtet. Mercedes will sich durch die eine halbe Stunde früher zelebrierte Weltpremiere der 6er-Reihe von BMW nicht die Butter vom Brot nehmen lassen.

Dass die elegante Autostudie CLS mit einem Diesel ausgerüstet ist, wäre vor zehn Jahren noch undenkbar gewesen, aber als innovative Premiummarke scheut Mercedes-Benz nicht vor dem Aufbruch zu neuen Ufern zurück. Der gute Anklang beim Publikum hat zur Folge, dass die Mercedes-Macher noch während der Messe verkünden, eine Produktion von bis zu 60 000 Einheiten pro Jahr zu planen. Hubbert fasst zusammen: »Mit der Vision CLS könnte Mercedes-Benz einmal mehr ein neues Marktsegment erschließen. Es ist das erste Auto, das die Eigenschaften einer Limousine und eines Coupé elegant vereint. Die Idee eines viertürigen Coupés erfüllt besondere Kundenwünsche.«

Dann leitet Hubbert zum Höhepunkt des Tages über: die Weltpremiere des neuen Sportwagens Mercedes-Benz SLR McLaren (siehe Abbildung 3-2). Dieses Mal geht der Hieb in Richtung Porsche nach Stuttgart, genauer gesagt ist der Porsche Carrera GT im Visier: »Der neue SLR verbindet wie kein anderer Gran Tourismo die Rennsportgeschichte mit der Zukunft des Automobils. Das Design des

Abb. 3-2 Der Mercedes-Benz SLR McLaren ist Spitzentechnologieträger mit ruhm-
reicher Heritage

Hochleistungs-Sportwagens wurde einerseits durch das berühmte Uhlenhaut-Coupé und andererseits durch die aktuellen Formel-1-Silberpfeile inspiriert.« Der SLR ist Premium Power pur: traditionelle Anleihen im futuristischen Design und Leistungsgeschichte, was als Brand Heritage, also Markentradition, bezeichnet wird. Hinzu kommen technologische Innovationen, die aus dem SLR einen Technologieträger für die Premiummarke Mercedes-Benz machen.

Hubbert tritt zur Seite und ein Film zeigt den neuen SLR in seinem Element. Lange einsame Landstraßen wechseln mit kurvigen Serpentinen, gemischt mit Computer-Animationen, und zum Schluss eine Vollbremsung mit dem Aha-Effekt einer typischen Mercedes-Benz Sicherheitsinnovation. Der Spoiler des 435 000 Euro teuren Autos stellt sich wie beim Flugzeug fast senkrecht auf, um den Anpressdruck beim Bremsen zu erhöhen. Die aus Karbonfaser gewebten Crashboxen des SLR absorbieren bei einem Frontalaufprall die Energie – so etwas hat es außerhalb der Rennsporttechnologie noch nie gegeben. Auch ist der SLR mit 334 Stundenkilometer Spitzengeschwindigkeit exakt 4 Stundenkilometer schneller als der Carrera GT, das Konkurrenzprodukt aus dem Hause Porsche.

Der Film über den SLR verweist dann auch auf die Tradition, denn

Abb. 3-3 1955 siegt der legendäre 300 SLR bei der Mille Miglia mit Stirling Moss am Steuer in etwas mehr als zehn Stunden

der legendäre Mercedes-Benz 300 SLR schrieb mit Stirling Moss am Steuer Renngeschichte (siehe Abbildung 3-3). 1955 gewann er die Mille Miglia in einer nie wieder erreichten Zeit von knapp über zehn Stunden. Natürlich ist Stirling Moss bei der Präsentation auch im Publikum anwesend. Im Rahmen einer VIP-Veranstaltung wurde der neue SLR vom historischen Startpunkt der Mille Miglia in Brescia bis nach Frankfurt gefahren und dort mit Jubel empfangen – besser kann man das Heritage-Marketing für eine Premiummarke nicht machen.

Zum Abschluss der Präsentation öffnet sich die Leinwand und hereingefahren kommt der neue Mercedes-Benz SLR McLaren. Dann ist der gigantische PR-Zauber vorbei und Jürgen Hubbert wird von der Presse umringt. Die aufwändige Präsentation hat ganz klar einen Benchmark gesetzt und Hubbert weiß genau, dass das für eine Premiummarke extrem wichtig ist. Es gilt Standards zu setzen, und zwar dort, wo es der Kunde erwartet.

Das Markenverständnis von Mercedes-Benz

Die Autostudie Vision CLS und der auf 3500 Stück limitierte Roadster SLR sind die Beiträge zur zweiten Produktoffensive, die Mercedes-Benz für die Jahre 2004 und 2005 angekündigt hat. Warum ist die erste Produktoffensive der neunziger Jahre so überragend erfolgreich gewesen? Was sind die wirklichen Stärken des Unternehmens, und was ist das Versprechen der Marke, das ihre Kunden immer wieder eingelöst sehen wollen?

Für Helmut Werner, dem Vorgänger von Jürgen Hubbert als Mercedes-Benz-Chef, ist es klar, dass der Markt der Premiummarken und der Volumenmarken völlig unterschiedlich ist. »Sicherlich ist das Volumengeschäft heutzutage komplexer und härter als das Premiumgeschäft, aber die Frage, wie man einen Kunden dazu bringen kann, allein für den Markennamen eine Prämie von mehreren Prozent zu bezahlen, ist letztlich nur psychologisch, über die Wahrnehmung als Premiummarke zu erklären.«

Eine Premiummarke muss zunächst den Erfolg repräsentieren, den der Kunde für sich selbst beanspruchen möchte, und zwar finanziell, technologisch und gesellschaftlich. »Im Entscheidungsprozess für ein Premiumprodukt drückt der Kunde nicht nur seine wirkliche Persönlichkeit aus, sondern er sucht insbesondere nach einer Verkörperung seiner Ziele, Sehnsüchte und Wünsche. Das Verhältnis des Premiumkunden zu seinem Auto und – fast noch mehr – zur Marke seines Fahrzeugs ist deshalb zutiefst emotional verankert, um nicht zu sagen etwas Intimes, da er sich einen Partner sucht, der ihm nicht nur praktische Dienste, sondern auch emotionale und psychologische Bestätigung verschafft.«

»Eine Premiummarke«, so Helmut Werner, »muss deshalb immer einen Kanon positiver Werte verkörpern, und darf sich insbesondere keine Schwäche im Sinne hilfloser Ausgeliefertheit erlauben, sondern muss immer aus einer Position der Stärke und Aktivität im Markt erscheinen, selbst wenn es einmal einen ökonomischen Verlust geben sollte.«

Diese grundlegende, allen kurzfristigen Marketingüberlegungen vorausgehende Einstellung ist sicherlich allen Volumenherstellern als Warnung ins Stammbuch zu schreiben, die sich mit der Übernahme einer Premiummarke befassen. Wie kann man eine wirtschaftliche Übernahme durchführen, ohne den übernommen Partner im Licht der Schwäche erscheinen zu lassen? Wie kann man als Volumenmarke eine Premiummarke mit professionellem Prozessmanagement, technischen Prüfschleifen, Just-in-Time-Lieferungen und hocheffizienten Montagewerken versorgen, ohne sie als veralteten Sanierungsfall dastehen zu lassen?

Der Premiumkunde sieht die Premiummarke nicht als abstrakten Begriff, sondern als konkrete, überindividuelle Person, zu der er sich in ein direktes Verhältnis setzen möchte. Es muss als Verdienst der Kommunikations- und Werbestrategen gelten, diese Zusammenhänge verdeutlicht zu haben, doch sollte sich die Markenstrategie der Premiumhersteller neben den kommunikativen Aspekten auch auf psychologische Aspekte der Markenpersönlichkeit konzentrieren. Es gilt im Sinne synthetischer Psychologie, die einzelnen Persönlichkeitsmerkmale aufgrund einer konsistenten Vision der zu verkörpernden Marke zu definieren und zu einem überzeugenden, lebensfähigen Ganzen zusammenzusetzen. Dazu muss der Markenstratege den Kern beziehungsweise die Seele der Marke kennen, um jeden Auftritt des Unternehmens, sei es durch Kommunikation, Produkt oder Kundenkontakt, zu einem verknüpften System gegenseitiger Referenzen werden zu lassen.

Daimler und Benz – Der Ursprung der Marke Mercedes-Benz

Karl Benz entwickelt den ersten Benzinmotor, einen 1-Zylinder-Zweitakter, der am Sylvesterabend des Jahres 1879 zum ersten Mal läuft. Mit diesem Motor ist Karl Benz so erfolgreich, dass er sich zunehmend seinem Traum widmen kann, einen leichten, von einem Benzinmotor angetriebenen Wagen zu schaffen, bei dem Fahrgestell und Motor eine Einheit bilden. Wichtigste Merkmale des 1885 realisierten zweisitzigen Gefährtes sind der kleine, schnelllaufende 1-Zylinder-Viertaktmotor mit 0,75 PS, liegend im Heck eingebaut, der Stahlrohrrahmen, das Differential und drei Drahtspeichenräder.

Karl Benz realisiert einen schnelllaufenden Viertakt-Benzinmotor, den er in ein eigenständiges, nicht mehr an eine Kutsche erinnerndes Fahrgestell einbaut und damit 1886 das erste ganzheitliche

Automobil auf seine vorerst drei Räder stellt. Am 29. Januar 1886 meldet er sein Fahrzeug mit Gasmotorenbetrieb zum Patent an. Der Benz Patent-Motorwagen mit der Deutschen Reichs-Patent-Nummer DRP 37435 gilt als das erste Automobil der Geschichte. Im Juli 1886 berichten die Zeitungen über eine erste öffentliche Ausfahrt des dreirädrigen Benz Patent-Motorwagens, Modell 1, der sich allerdings als unzuverlässig herausstellt hat und darum nach einiger Zeit von vielen als nutzlos belächelt wird.

Bertha Benz, die wohlhabende und zielstrebige Frau von Karl Benz, hat die Entwicklung des ersten langstreckentauglichen Automobils finanziell und ideell unterstützt. Um der Welt zu beweisen, dass die Innovation ihres Mannes funktioniert, fährt sie 1888 mit ihren Kindern die berühmte Tour von Mannheim in den Schwarzwald nach Pforzheim, um die Leistungen der neuen Innovation publikumsträchtig zu vermarkten. Ohne sie wäre der spätere Aufstieg der Firma Benz & Cie. in Mannheim zur zeitweilig größten Automobilfabrik der Welt nicht denkbar gewesen.

Als Gottlieb Daimler 1882 in seine Villa am Cannstatter Kurpark zieht, funktioniert er das Gartenhaus in eine Werkstatt um, in der er gemeinsam mit seinem Kompagnon Wilhelm Maybach seiner Passion nachgehen kann. Die beiden Ingenieure verbindet – wie zur selben Zeit Karl Benz in Mannheim – die Vision eines universell einsetzbaren kleinen, hochdrehenden Verbrennungsmotors, dessen Konzept sie im Gartenhaus in minutiöser Feinarbeit zu immer höherer Perfektion und schließlich zur Serienreife entwickeln.

Gottlieb Daimler ist der Schöpfer des ersten leichten, schnelllaufenden Viertakt-Benzinmotors, der 1883 seine ersten Umdrehungen macht und unter der Nummer DRP 28022 patentiert wird. Der Motor ist gedacht als universeller mobiler und stationärer Antrieb von Kutschen, Lokomotiven, Booten, Luftfahrzeugen und Maschinen aller Art. Die erste Daimler-Motorkutsche rollt 1886 auf die Straße.

Die Bestellung der ersten 36 Daimler-Automobile durch den Händler und erfolgreichen Herrenfahrer Emil Jellinek im April 1900 hat als Lastenheft: »leicht, schnell und schön«. Die Modelle tragen den Namen der Tochter Emil Jellineks »Mercedes«, was das Pseudonym Jellineks bei Autorennen ist. Die Daimler-Motoren-Gesellschaft (DMG) liefert am 22. Dezember 1900 den ersten Mercedes

35 PS als Rennwagen aus, der mit seinen zahlreichen Innovationen als das erste moderne Automobil gilt.

Mit diesem Auto beginnt ein stürmisches Wachstum, und Mercedes gilt heute als die weltweit erfolgreichste Premiummarke der Automobilindustrie. Nicht nur die Innovationen selber, sondern auch die Demonstration dieser Überlegenheit durch zahlreiche Rennsiege, spielen dabei eine wichtige Rolle. Angefangen mit Jellineks Sieg mit dem Mercedes 35 PS in Nizza 1901 stellt Mercedes immer wieder neue Rekorde auf und fährt bei Rennen auf den vordersten Plätzen.

Ab 1908 tritt Benz bei Autorennen als große Konkurrenz hinzu, besonders mit dem »Blitzen-Benz«, der 1911 mit einem 21,5 Liter-Motor mit 228 Stundenkilometer einen neuen Geschwindigkeitsrekord aufstellt, der bis 1924 ungeschlagen bleibt (siehe Abbildung 3-4).

1924 schließen sich die Daimler-Motoren-Gesellschaft und Benz & Cie. zu einer Interessensgemeinschaft zusammen. Den Vertrieb der Marken Mercedes und Benz übernimmt die Mercedes-Benz Automobil GmbH. Nach Wachstumsphasen seit der Gründung folgt

Abb. 3-4 Der legendäre »Blitzen-Benz« Weltrekordwagen von 1911 mit 200 PS-4-Zylinder-Motor, Hubraum 21,5 Liter stellte den Höchstgeschwindigkeitsrekord von 228 Stundenkilometer auf

nun in der Krise die Fusion von Daimler und Benz im Jahre 1926 unter der Führung der Deutschen Bank zur Daimler-Benz AG. Es ist das Jahr, in dem der legendäre Mercedes-Fahrer Rudolf Caracciola die ersten Siege einfährt. 1927 steht Mercedes-Benz 76-mal als Sieger bei Autorennen fest.

Von 1923 bis 1929 ist Ferdinand Porsche Leiter des Konstruktionsbüros, zuletzt neben Hans Nibel, der bis 1935 Chefkonstrukteur der Daimler-Benz AG ist. 1934 stellt Caracciola mit dem W24 einen neuen Höchstgeschwindigkeitsrekord von 321 Stundenkilometer auf. Bis 1939 gewinnt Mercedes-Benz zahlreiche Rennen, 1938/1939 unter anderem die Europa-Meisterschaften mit dem legendären Silberpfeil W 154.

Danach folgen die Rüstungsproduktion im Zweiten Weltkrieg und das Wirtschaftswunder in der Nachkriegszeit: mit dem Mercedes-Benz 170V beginnt 1946 der Wiederanlauf der Produktion. Zweimal, 1926 und 1959, ist eine Fusion mit BMW zum Greifen nahe, kommt aber dann doch nicht zum Vollzug. Zum einen sind die zwei Firmen zu unterschiedlich in ihrer Unternehmenskultur, zum anderen sehen sie sich zunehmend als Konkurrenten an.

Mercedes-Benz blickt nach München – Der 190er gegen die 3er-Reihe

Bis Mitte der achtziger Jahre ist die deutsche Automobilindustrie – gleich welcher Hersteller oder welche Marke – vollständig auf die Entwicklung fixiert. Die automobile Wertschöpfungskette beginnt auf dem Reißbrett des Konstrukteurs und endet am Werkstor, aus dem die fertig montierten Autos herausrollen. Die Kunden haben die fertigen Produkte schlicht und einfach so zu kaufen, wie sie sind. Das eigentliche Produkt tritt letztlich so weit in den Hintergrund, dass der Vorstand in den Entwicklungsprozess überhaupt nicht eingebunden ist, sondern neue Produkte erst dann zu Gesicht bekommt, wenn sie auf einer Messe auch der breiten Öffentlichkeit präsentiert werden.

Der Entwicklungsprozess findet völlig ohne Kundenkontakt statt, da die Ingenieure die Einzigen sind, die die Technologien beherrschen und einschätzen können. Die Außenwelt tritt in den Entwick-

Abb. 3-5 Der Mercedes-Benz 190er wurde als Baureihe W201 ins Leben gerufen und hat sich als erfolgreicher BMW 3er Reihen-Konkurrent etabliert

lungslabors nur in der Form von Gesetzen und technischen Verordnungen in Erscheinung, die dann punktgenau in neue Produkte umgesetzt werden. Nach diesem Ansatz entsteht auch die Baureihe W201, der revolutionäre Mercedes-Benz 190er (siehe Abbildung 3-5), der Vorgänger der C-Klasse. Zunächst ist sein einziger Zweck, die damals neu eingeführte Flottenverbrauchsgesetzgebung in den USA zu erfüllen.

Mit Mercedes-typischer Akribie wird das Konzept einer extrem leichten, nur mit 4-Zylinder-Motoren und Handschaltgetriebe ausgestatteten Limousine ausgearbeitet, die aber möglichst weitgehende Ähnlichkeit mit den anderen Baureihen haben soll.

Der damalige Vorstandsvorsitzende, Joachim Zahn, ist der grundsätzlichen Ansicht, dass man überhaupt nur S-Klassen bauen sollte, da diese Produkte den höchsten Gewinn erzielten. Die »kleinere« Baureihe (die später zur E-Klasse werden sollte) – der W123 in der Nachfolge des unverwüstlichen Strich-8 – seien höchstens mit Dieselmotor für die Anforderungen der Landärzte und mittelständischen Unternehmer zu tolerieren.

Nachdem der 190er entgegen der ursprünglichen Absicht auch in

Westeuropa eingeführt worden ist und beachtliche Nachfrage erzielt, wird er in den USA als »Baby Benz« weitgehend ignoriert. Ironischerweise findet er dort als »echter« Mercedes erst Anerkennung mit einem 6-Zylinder-Motor und Automatikgetriebe, sodass Mercedes-Benz seitdem wegen der Überschreitung der durchschnittlichen Flottenverbrauchsziele jährlich erhebliche Millionenbeträge als CAFE-Tax zahlen muss.

Nachdem die Ingenieure das Potenzial der Leichtbauweise in Kombination mit der überlegenen 5-Lenker-Hinterachskinematik erkannt haben, wird er zur Spielwiese für motortechnische und aerodynamische Experimente, die mit dem 190E 2.5-16 EVO ihren geschmacklich fragwürdigen Höhepunkt erreichen. Der Kommentar über den übergroßen Heckspoiler von BMW-Entwicklungschef Wolfgang Reitzle: »Wenn die Gesetze der Aerodynamik in Stuttgart die gleichen sind wie in München, dann macht dieser große Spoiler keinen Sinn.«

Fakt ist, dass der umstrittene Mercedes 190E 2.3-16 in der gesamten Industrie eine Pionierrolle für alle Segmente bezüglich des Werk-Tunings inne hält. Bei Mercedes-Benz wird dieses heutzutage von der mittlerweile übernommenen AMG GmbH abgedeckt.

Mercedes-Benz entdeckt die Nischenstrategie

Mit dem Erfolg des 190er entsteht im Mercedes-Vorstand die Einsicht – natürlich durch ausführliches Benchmarking und intensive Beratungsprojekte abgesichert –, dass zusätzliche Erträge nicht nur durch die Erhöhung des Deckungsbeitrags bei jedem individuellen Fahrzeug, sondern auch durch die Ausweitung der Volumenbasis zu erzielen sind.

Damit ist die Nischenstrategie zur Volumenausweitung von Mercedes-Benz geboren, und in einer systematischen Vorgehensweise werden Anfang der neunziger Jahre die Weltmärkte nach profitablen Geschäftsfeldern abgesucht. Das Ergebnis ist, die sportlichen Konzepte lückenlos zu bedienen sowie mit einem Sport Utility Vehicle den Einstieg in das profitabelste Segment des US-Marktes zu suchen. Mit Unterstützung der übermächtigen deutschen Vertriebsorganisation erfolgt eine erste psychographische Kundensegmentierung, die in den Linien »Classic«, »Elegance«, »Avantgarde« und »Sport-line« umgesetzt wird.

Helmut Werner und Jürgen Röll, beides Außenseiter in der traditionsbewußten schwäbischen Bastion, bringen das Projekt W202, also den 190er Nachfolger und die spätere C-Klasse, gemeinsam mit dem Mercedes-Benz Pkw-Vertriebsvorstand Eberhard Herzog mit gewagten Profitversprechen vor den Konzernvorstand. Der beschäftigt sich zu der Zeit aber schon hauptsächlich mit der Konsolidierung des integrierten Technologiekonzerns und tendiert zu anderen Verwendungen der Konzernmittel als zu Investitionen in das klassische Automobilgeschäft. Jürgen Hubbert ist bereits 1987 als Produktionschef in den Vorstand aufgerückt. Er hat überragendes Produkttalent bewiesen und drückt den Fahrzeugen von Mercedes-Benz seinen unverwechselbaren Stempel auf. Die Produkte des neuen Jahrtausends, angefangen mit der dynamisch-eleganten S-Klasse W220, der sportlich-filigranen C-Klasse W203, dem CLK Cabrio A209 und der sich der japanischen Herausforderung frontal stellenden E-Klasse W211, werden intern anerkennend als »Hubbert-Autos« bezeichnet.

Kostendrücken als zweischneidiges Schwert

Die gesellschaftliche Akzeptanz von Premiumprodukten kann sich innerhalb von zehn Jahren dramatisch ändern. Während heutzutage der riesige Maybach ohne große Kritik vom breiten Publikum bewundernd aufgenommen wird, ist die Einführung der S-Klasse vor zehn Jahren auf den Widerstand der breiten Bevölkerung gestoßen, aufgrund ihrer angeblich umweltschädlichen Ressourcenverschwendung. Die ablehnende Haltung gegenüber dem Mercedes-Benz Top-Modell S-Klasse, mit dem werksinternen Code W140, unter dem damaligen Chef Werner Niefer, führt im Jahr 1992 zu einem regelrechten Schock in der heilen Mercedes-Benz-Welt. Aber auch der einsetzende Verkaufserfolg der japanischen Luxusmarke und Toyota-Tochter Lexus in den USA lässt Mercedes-Benz unter Niefer erzittern.

Als Reaktion folgen die »Neue Produktstrategie« und damit die Einführung des Kostendenkens bei Mercedes-Benz. Statt wie alle seine Vorgänger jeweils um 10 Prozent teurer zu werden, wird der Nachfolger des 190er, mit der werksinternen Bezeichnung W202, um den gleichem Betrag günstiger. Dieser Kostensenkungserfolg wird prozentual durch den Nachfolger der E-Klasse, den W210, noch einmal übertroffen, was allerdings mit Qualitätsproblemen einhergeht.

Seit Einführung der harten Kostenbegrenzung sind Qualitätsbeschwerden seitens der Kunden, aber auch Qualitätsprobleme in der Produktion aufgetreten. Es ist also anzunehmen, dass sich der Gedanke des hocheffizienten Design-to-Cost, nach dem gemäß der Strategie des Lean Manufacturing zuerst die Kosten festgelegt, dann das Design und Engineering daran ausgerichtet werden, einschließlich der unendlichen Übernahme bewährter Vorgängerteile, in der Unternehmenskultur von Mercedes-Benz nicht wirklich durchsetzen konnte.

Allerdings ist die japanische Strategie Design-to-Cost auch nicht konsequent umgesetzt worden. Beispielsweise schicken Toyota und Lexus fast wöchentlich Ingenieure zu den Zulieferern, um die Kosten zu senken und die Qualität zu steigern. Der Anreiz ist hierbei für die Lieferanten, dass Ersparnisse gemeinsam geteilt werden. Hinzu kommt, dass Mercedes-Benz mit unter Kostendruck stehenden Autozulieferern zu kämpfen hatte, die die Kosten ihrerseits durch die Verwendung billigerer und qualitativ schlechtere Komponenten reduzieren wollten, ohne das Wissen von Mercedes-Benz. Design-to-Cost widerspricht auch der zum technologiegetriebenen innovativen Perfektionismus neigenden Ingenieurslogik bei Mercedes-Benz.

Letztlich ist das Problem des Design-to-Cost für Mercedes gewesen, dass vorgegebene Kostenziele nicht erreicht wurden und die entstehende Kluft durch billigeren Einkauf (das heißt schlechtere Qualität), geringere Ausstattung (das heißt geringere Attraktivität) und höhere Preise (das heißt geringere Absatzmengen) ausgeglichen werden musste. Diese kritische Entwicklung hat ihren vorläufigen Höhepunkt mit dem Einsatz einer Taskforce gefunden, die die eklatanten Elektrik- und Elektronikprobleme der aktuellen E-Klasse W211 angehen soll. Allerdings ist es nicht ungewöhnlich, dass an der Spitze der Innovationsfront auch Fehler passieren. Wichtig ist für eine Premiummarke nur, dass diese Fehler schnellstmöglich beseitigt werden und sich nicht wiederholen – das weiß Mercedes-Benz nur zu genau.

Die innovative A-Klasse
– Mit Fehlern zum Fortschritt

Die A-Klasse ist, neben dem Smart, sicherlich das innovativste, aber auch ambivalenteste Produkt, das in den neunziger Jahren aus der Zeit des inneren Aufbruchs von Mercedes-Benz hervorgegangen ist. Konzepte von kleinen und kleinsten Autos sind schon immer durch die Designwerkstätten von Mercedes-Benz gegeistert, die aus Grundlagenforschungen und Untersuchungen zum theoretischen Optimum der Packagingdichte, das heißt der Unterbringung einer bestimmten Anzahl von Personen, einer entsprechenden Menge Gepäck sowie der erforderlichen Aggregate in einem minimalen Volumen mit angemessener Aerodynamik und Sicherheit, hervorgegangen waren.

Ausdruck findet dieser Forschergeist unter anderem in einem 2,50 Meter langen quaderförmigen Prototyp in grell-orange, mit Vierradlenkung und 2+2 Sitzen, der aber niemals über den Handling-Parcours im Werk Untertürkheim hinauskommen sollte. Als Mercedes-Benz sich dazu entschließt, neue Segmente anzugehen, wird die Pandora-Box der Forschungsabteilungen geöffnet und die ersten Konzepte nehmen ihren Weg durch den Entwicklungsprozess.

Mercedes-Benz ist stolz auf das jüngste 3,50 Meter lange Kind (siehe Abbildung 3-6) und ist nach der euphorischen Aufnahme des Concept A auf der IAA 1991 auch vollkommen sicher, als »Erfinder des Automobils« wieder einen wesentlichen Akzent im Markt der kompakten Fahrzeuge gesetzt zu haben. Der Anspruch und gleichzeitig die Verantwortung als ältester Automobilhersteller der Welt, etwas für die Weiterentwicklung der Industrie als Ganzes tun zu müssen, ist innerhalb des Unternehmens weiterhin durch eine starke Fraktion vertreten, die sich dieser Tradition ganz bewusst und offensiv stellt.

Nach der Markteinführung der A-Klasse im Herbst 1997 kommt die Schreckensnachricht aus Schweden, die zu einem halben Jahr Produktionsstopp der A-Klasse führen sollte. Ein Presseteam hat die neue A-Klasse dem »Elchtest« unterzogen, bei dem das Auto unter der ungewöhnlichen Höchstbelastung von fünf erwachsenen Personen, voll beladenen Kofferraum und bei hoher Geschwindigkeit ein extremes Ausweichmanöver bewältigen muss. Die auf Komfort aus-

Abb. 3-6 Die A-Klasse ist ein großer Technologiesprung dank ihres Sandwichbodens: kürzer als ein VW Polo, innen so groß wie die C-Klasse und so sicher wie die E-Klasse

gelegten Federn der Hinterachse der A-Klasse schlagen auf die harten Anschlagdämpfer auf, was zu einem Aufschaukeln der Karosseriestruktur führt, sodass beim harten Gegenlenken die A-Klasse umkippt. Dass sogar zufällig ein Fernsehkamerateam anwesend ist, legt den Eindruck einer Inszenierung nahe, doch wer könnte daran interessiert sein? Mercedes-Benz hat es gewagt, sich in die VW-Golf-Klasse zu begeben – und das wird von VW-Chef Piëch gnadenlos abgestraft. Der Phaeton als Gegenangriff in die S-Klasse sollte folgen sowie der Einstieg in das Schwerlastkraftwagengeschäft – bei Piëch folgen eben Taten auf Drohungen.

Die Bilder der im Elchtest kippenden A-Klasse werden an einem Sonntag publiziert, als der gesamte Daimler-Benz-Vorstand entweder unabkömmlich oder auf anderen wichtigen Terminen ist, sodass die erste Stellungnahme erst 48 Stunden später erfolgt. Nachdem der Ernst der Lage erkannt ist, wird eine Taskforce aus Unternehmensplanern, Kommunikationsspezialisten, Technikern und Vertriebsmanagern gebildet, die alle Reaktionen des Unternehmens koordinieren und pro-aktive Schritte konzipieren soll. Innerhalb kürzester Zeit entscheidet man, sich bei der Öffentlichkeit zu entschuldigen und durch witzige Kommunikationskampagnen um Sympathiepunkte zu werben. Den Wettbewerbern aber würde man im gleißenden Licht der Weltöffentlichkeit einen wesentlichen technischen Schritt vorauseilen. Das Patent eines dynamischen Fahrsicherheitssystems, das Elektronische Stabilitätsprogramm (ESP), das als gemeinsames Entwicklungsprojekt von Mercedes-Benz und Bosch jahrelang in den Schubladen gedämmert hatte und seit 1995 nur in der Oberklasse verfügbar ist, wird als rettende Maßnahme identifiziert und unter Hochdruck zur Realisierung im Volumensegment der A-Klasse getrieben.

Die Maßnahmen der Taskforce haben aus dem scheinbaren Desaster im Nachhinein ein Lehrstück unternehmerischer Reaktionsfähigkeit und kommunikativer Brillanz gemacht. Zwar werden einige Manager aus Linienfunktionen des A-Klasse-Projekts strafversetzt oder wechseln in andere Unternehmen, aber trotzdem hat die drohende Katastrophe zu einem einmaligen Zusammenrücken der Mercedes-Benz-Organisation geführt, das heute noch den Zusammenhalt der korporativen Strukturen im »inneren Kreis« der Macht bestärkt.

Markendehnung bei Mercedes-Benz

Die Markendehnung beziehungsweise Proliferation von Mercedes-Benz, das heißt die Übertragung der Premiumwerte auf immer mehr Marktsegmente und die zunehmende Ausbildung von Nischen, muss letztlich als das produktseitige Erfolgsrezept von Mercedes-Benz angesehen werden. Dabei ist der bisher vorherrschende Trend vornehmlich die Ausweitung der Konzeptportfolios nach »unten« gewesen. Den klassischen Limousinen wird ein wesentlich günstigerer 190er zur Seite gestellt, der legendäre SL Roadster wird durch den revolutionären SLK ergänzt, das E-Klasse-Coupé und das E-Klasse-Cabriolet werden durch den wesentlich volumenträchtigeren und von der C-Klasse abgeleiteten CLK abgelöst (siehe Abbildung 3-7).

Während die Abrundung dieser Strategie, die Einführung eines kleineren Pendants zur M-Klasse, noch auf sich warten lässt, ist Mercedes-Benz schon zum nächsten Schritt übergegangen. Die Markenwerte werden von »der Mitte« nach »oben« übertragen, zunächst im Bereich der obersten Luxusklasse durch den Maybach, die bislang nur von Bentley und Rolls-Royce besetzt wurden.

Abb. 3-7 Der CLK von Mercedes-Benz zeigt, wie man erfolgreich Nischen besetzt

Ebenso zeichnet sich der Mercedes-Benz SLR McLaren, ein Sportwagen der absoluten Ausnahmeklasse, gegenüber seinen Wettbewerbern durch wesentlich verbesserte Gebrauchseigenschaften wie einen großen Kofferraum oder hervorragende Crashsicherheit aus, was ebenfalls typisch für die Sicherheitsinnovationen von Mercedes-Benz ist. In diesem Bereich zeigt sich die wirkliche Stärke und dauerhafte Kernkompetenz von Mercedes-Benz: auch den äußersten Luxus noch mit einem Hauch Pragmatismus zu versehen, sodass der Überfluss plötzlich nicht nur selbstverständlich, sondern geradezu notwendig wird – das ist die Keimzelle des Premium Power.

Markenweiterentwicklung

Mit großer Aufmerksamkeit werden Ansätze verfolgt, die die Übertragung von Werten und Produkteigenschaften in weniger exponierte Segmente betreiben. In Analogie zur Markendehnung, die die Übertragung von Premiumprodukteigenschaften in untere Marktsegmente bedeutet, spricht man von Markenweiterentwicklung oder Transposition. Die Übertragung von Produkt- und Konzepteigenschaften aus dem Kompaktwagenbereich in die klassischen Limousinensegmente führt zum Beispiel zu Konzepten wie dem Mercedes-Benz GST, der als höchst variables Multi Purpose

Vehicle (MPV, also multifunktionaler 5- bis 7-sitziger Großraumwagen) die Markenerweiterung von Erfolgselementen der unteren Mittelklasse in den Bereich der oberen Mittelklasse anstrebt. Mercedes-Benz hat bereits insbesondere im Zuge der Ausweitung des Kombi-Portfolios Erfahrungen gesammelt. Der erste Kombinationskraftwagen von Mercedes-Benz ist als S123 auf Basis der Baureihe W123, also dem E-Klasse-Vorgänger, in den achtziger Jahren entwickelt worden, nachdem Hersteller wie Opel, Ford, VW und Volvo bereits jahrelang zunehmende Markterfolge mit transportorientierten Limousinen-Ablegern verzeichnen konnten. Dieses Fahrzeugkonzept, als Zugeständnis an die Zielkunden der Freiberufler und Handwerker entstanden, hat Mercedes-Benz auch die Treue von vielen anderen Kunden gesichert.

Während der Vorläufer des E-Klasse-Kombis eher als Nachzügler in einem bereits entwickelten Produktsegment gelten muss, gelingt es Mercedes-Benz mit dem Kombi der C-Klasse, der 1993 auf den Markt kommt, das völlig neue Segment der Lifestyle-Kombis zu eröffnen. In dieser Klasse werden, ohne Kompromisse bei Design oder Fahrverhalten einzugehen, die Differenzierungswirkung der andersartigen Heckgestaltung zusammen mit gewissen Verbesserungen bei Transport und Handhabung dankbar aufgenommen. Während in den neunziger Jahren der Lifestyle-Kombi den Transport der Familie, ohne Kompromisse bei sportlichem Fahrverhalten und Design, erlaubt, ändert sich in den kommenden Jahren die Botschaft des Fahrzeugkonzepts und mit ihr geht die zunehmende Bedeutung der Minivans als Familienvehikel einher.

Inzwischen gilt der Kombi als Prestigesymbol des Selbständigen, der jederzeit in der Lage sein muss, geschäftliche Transportaufgaben schnell und stilsicher zu erledigen. Die Rolle der Familie, die sich von einer selbstverständlichen ethisch-moralischen Verpflichtung zu einem erfolgsabhängigen Prestigesymbol gewandelt hat, versucht Mercedes-Benz durch Konzepte wie dem Grand Sports Tourer (GST), der als R-Klasse auf den Markt kommen wird, sowie dem auf der extrem pragmatischen A-Klasse basierenden Compact Sports Tourer (CST), der zukünftigen B-Klasse, zu entsprechen.

Motorenentwicklung – Innovationsführer und Innovationsfolger

Mercedes-Benz zeigt ein weiteres Mal großes Gespür bei der Aufnahme gesellschaftlicher Strömungen, indem Neuprodukte erst dann mit entsprechenden Wertkategorien aufgeladen werden, wenn sie tatsächlich eine positive Konnotation gewonnen haben. Als Beispiel dafür kann verzögerte Einführung des direkteinspritzenden aufgeladenen Dieselmotors gelten.

Während Audi, als Erfinder des Turbodiesels, bereits seit den frühen neunziger Jahre das TDI-Konzept aggressiv in den Markt drückt, belässt es Mercedes-Benz bei der Verbesserung der alten Diesel Vorkammer-Motoren Technologie, wobei nur die absoluten Spitzentypen in den Genuss einer Abgasturboaufladung kommen.

Tatsächlich beschränkt sich der Erfolg des TDI-Konzepts hauptsächlich auf kleinvolumige Motoren, die in bewusst sparsam ausgelegten Fahrzeugkonzepten eingesetzt werden. Der größte mit der klassischen TDI-Technologie realisierte Pkw-Motor, ein V6 mit 2,5 Liter Hubraum, der zunächst von Audi eingesetzt wird, zeigt die Grenzen des TDI-Konzepts in puncto Geräuschkomfort und Leistungsentfaltung deutlich auf.

Mercedes-Benz stellt sich der Herausforderung erst, als mit der Common-Rail-Technologie ein System zur Verfügung steht, das keine Beschränkungen von Zylinderzahl, Hubraum oder Antriebsleistung bedingt, und erzielt innerhalb kürzester Zeit spektakuläre Verkaufsergebnisse. Schließlich wird durch die Einführung des ersten 8-Zylinder-Motors der Common-Rail-Baureihe im S400 CDI der Diesel auch konsequent im obersten Marktsegment hoffähig gemacht, wodurch er endgültig das Attribut der Sparsamkeit abstreift, und allgemein als Symbol technischer Leistungsfähigkeit und zeitgemäßer Motorisierung angesehen wird.

Markenwerte und Unternehmenskultur

Die Marke Mercedes-Benz ist immer dort zuhause, wo positive, erstrebenswerte und vorbildhafte Werte geprägt werden. Der Mercedes-Käufer erwirbt somit viel mehr als nur ein Fortbewegungsmittel, denn die Marke steht auch für ein ganzes Bündel der besten Ideen, Werte und Moralvorstellungen. Damit wird der Mercedes-Kunde durch seine Kaufentscheidung zu einem »besseren« Menschen, was ihm letztlich auch die Bewunderung seiner Umgebung einbringt. Deshalb ist ein Mercedes-Benz immer auch ein modisches und zeitgemäßes Auto, weil es die jeweils vorherrschenden gesellschaftlichen Strömungen widerspiegelt.

Dadurch wird es aber auch zu einem spezifisch deutschen, möglicherweise sogar schwäbisch-pietistischen Phänomen. Trotz der zunehmenden informativen Verknüpfung bleiben Wahrnehmungsweisen und kulturelle Traditionen letztlich lokal, nehmen aber immer mehr internationale, möglicherweise sogar globale Einflüsse auf. Die Strategien, die zu solcher Flexibilität in der Produktgestaltung führen, werden im Vorstand festgelegt, während die Umsetzung in den komplexen Strukturen der Fachbereiche und im Rahmen von Auseinandersetzungen der mittleren und unteren Managementebenen erfolgt. Die wesentlichen Impulse für die Ausgestaltung eines neuen Produkts werden bei Mercedes-Benz inzwischen durch eine strategische Marketingorganisation gegeben, die intern als »der Vertrieb« bezeichnet wird.

Die Wichtigkeit der produktbezogenen Vertriebsarbeit drückt sich insbesondere dadurch aus, dass erst vor kurzem die Planungsbereiche, die mit klassischer Absatzsteuerung beschäftigt sind, einen eigenständigen Marketingbereich zur Seite gestellt bekommen haben. Dessen Kernfunktion ist das Produktmanagement, also die marketingseitige Steuerung der hochkomplexen Produktprojekte, im Sinne einer Integration kundenseitiger Ansprüche, gesellschaftlicher Strömungen, markenstrategischer Ziele und deren kommunikativer Umsetzung.

Dadurch, dass alle Fachbereiche über unterschiedlichste Ebenen unter einem mit großen Vollmachten ausgestatteten Projektleiter zusammenwirken, entsteht im Projektverlauf schon zu einem sehr frühen Zeitpunkt ein umfassender, qualitativer Konsens über die anzustrebenden Eigenschaften des neuen Produkts, wobei aber jeder Fachbereich, ja jedes Individuum damit jeweils andere Realisierungspfade und Produktausprägungen assoziiert.

Der einzige Ausgangspunkt »ungewöhnlicher« Ideen ist in diesem System der Vorsitzende des Bereichsvorstands, Jürgen Hubbert.

»Mister Mercedes« kann fast jeden Beschluss umstürzen oder auch höchst wagemutige technologische Konzepte durchsetzen, so geschehen bei der aktiven Federung des Active Body Control (ABC)-Fahrwerks, die auch bei der Serieneinführung kaum dem Versuchsstadium entwachsen war.

Trotz aller immer noch inhärenten Produktorientierung der Mercedes-Benz-Strukturen, die aber auch weiterhin die Grundlage einer gesunden Weiterentwicklung und Expansion des Unternehmens darstellt, wird spätestens seit der Krise der neunziger Jahre die Marke und das Marketing als eigenständiger Wertschöpfungsbereich anerkannt und den sie verwaltenden Vertriebsfunktionen zunehmend größere Einflussmöglichkeit verschafft.

Unternehmensführung

Nach Peter Drucker *Die Praxis des Managements* findet die Kultur eines Unternehmens ihren stärksten Ausdruck in der Kultur seiner Führungskräfte. Andererseits sind es meist die Führungskräfte, die die Kultur des Unternehmens am stärksten verkörpern und ihr am stärksten verpflichtet sind. Statt einem Bereich zu bestätigen, dass seine Methoden und Prozesse zu einem zutreffenden und akzeptierten Ergebnis geführt haben, stellt sich der Vorstand von Mercedes-Benz in jeder Sitzung der viel komplexeren Aufgabe, die Vorlagen und Anträge der einzelnen Fachbereiche zu einem übergeordneten Ganzen zu verbinden.

Das Vorgehen von Jürgen Hubbert ist sehr akribisch. Er liest alles, was ihm vorgelegt wird, mit absoluter Präzision. Natürlich gibt es nur eine gewisse Anzahl von Stellen und Funktionen innerhalb der Organisation, die überhaupt berechtigt sind, Vorlagen an ihn zu senden, doch ist sein persönlicher Stab von gerade einmal drei Assistenten vollauf damit beschäftigt, die auf ihn einströmenden Informationsfluten grob zu sichten und seine, zumeist als Marginalien mit braunem Filzstift angebrachten Anmerkungen in ausgefeilte Texte umzuformen.

Tatsächlich ist die Marken- und Unternehmenskultur von Mercedes-Benz in einer einzigen Person fokussiert, die tagtäglich der Aufgabe der Identitätsstiftung und Sinngebung für alle Mercedes-Benz-

Mitarbeiter gerecht werden muss. Neben den Verpflichtungen gegenüber dem Geschäft von Mercedes-Benz ist Jürgen Hubbert in alle internationale Entscheidungsprozesse des DaimlerChrysler-Gesamtkonzerns eingebunden und muss auch diesbezüglich jede Seite und jede Vorlage, die über diese Kanäle zu ihm gebracht wird, detailliert studieren. Es scheint aber so, als wäre Jürgen Hubbert nicht nur in der Lage, die Unternehmenskultur von Mercedes-Benz zu managen, sondern sie auch standfest zu verteidigen.

Bisher hat es Jürgen Hubbert immer wieder verstanden, aus den Unternehmenserweiterungen von DaimlerChrysler Profit für Mercedes-Benz zu schlagen. Statt geschwächt die Hilfe und Unterstützung der immer mächtiger werdenden Konzernfunktionen zu suchen, hat er die klassischen Cost-Center wie Einkauf, Buchführung, Finanzierung, Personalwesen, Informationstechnologie und Unternehmenskommunikation an die Zentralbereiche abgegeben und sich dadurch eine geradezu idealtypisch effiziente Führungsstruktur seines eigenen Kompetenzbereiches geschaffen.

Der Mercedes-Benz-Vorstand besteht nur noch aus Jürgen Hubbert, den drei Leitern der Funktionalbereiche Entwicklung, Produktion und Vertrieb und einigen Beisitzern (ohne Stimmrecht) der zugeordneten Zentralbereiche. Damit sind Kapazitäten im Vorstand frei geworden für einen engen, operativen Führungsstil, der extrem produkt- und kundenbezogene Schwerpunkte setzt. Kein anderer Vorstand eines deutschen Premiumherstellers könnte es sich erlauben, an mehreren Tagen im Jahr die eigene Produktpalette Testfahrten zu unterziehen oder an fast allen Formel-1-Rennen der Saison teilzunehmen.

Natürlich hat auch Mercedes-Benz im Zuge der Konzernerweiterung schmerzhafte Einschnitte bei den eigenen Kompetenzen und Gewinnbringern hinnehmen müssen. Insbesondere die Abtrennung des Vertriebs- und Servicenetzes und der dazugehörigen Ersatzteil- und Logistikfunktionen hat die markenspezifische Zuordnung von Kosten und Erlösen wesentlich erschwert, sodass zusätzlich zu den operativen Gewinnen, die Mercedes-Benz in den Konzern abführt, auch ein erheblicher Teil der zusätzlichen Wertschöpfung gar nicht mehr bei der verursachenden Organisation ankommt.

Trotz der scheinbar so günstigen Ausgangsposition eigener Verkaufsstellen im Inland und der zunehmenden Übernahme von Importeursfunktionen im Ausland ist Mercedes-Benz nicht in der Lage, effizient auf die innerhalb des Konzerns generierten Kundendaten zuzugreifen. Dabei spielen neben vielfältigen gesetzlichen Hindernissen eben auch interne Berichtswege und Kompetenzüberschneidungen eine wesentliche Rolle.

Auch für Mercedes-Benz wird der Wettbewerb um jeden Kunden viel härter werden, aber statt hektisch in unkoordinierte Einzeloptimierungen zu verfallen, ist gerade eine Marke wie Mercedes-Benz darauf angewiesen, stets koordiniert und kontrolliert zu wirken und mit einer einheitlichen Strategie alle immer stärker divergierenden Ansprüche zu befriedigen. Mercedes-Benz muss immer wieder die Quadratur des Kreises schaffen – die einheitliche Befriedigung der individuellen Kundenansprüche.

Schwäbischen Wurzeln und Selbstbewusstsein

Während sich im Ausland Mercedes-Benz als elitäre Marke präsentiert, stellt Mercedes-Benz in Deutschland den drittgrößten Marktanteil der Neuwagenverkäufe. Im Umland von Stuttgart gibt es zwar viele Unternehmen der Automobilbranche, aber »beim Daimler« zu arbeiten, gilt weiterhin als das Feinste und Sicherste, was dem ohnehin risikoscheuen Schwaben widerfahren kann. Damit lässt sich auch erklären, weshalb zum Beispiel die Personal- und Führungspolitik bei Mercedes-Benz sehr konservativ ausgerichtet ist. Das Niveau der Selbstmotivation und die freiwillig Leistungserbringung der Mitarbeiter ist so groß, dass es fast keinerlei koordinierter Motivations- oder Führungsmaßnahmen bedarf, um das betriebliche Funktionieren sicherzustellen.

Wer es einmal »zum Daimler« geschafft hat, wird sich nichts zuschulden kommen lassen, was seine Position in irgendeiner Weise gefährden könnte, denn der Andrang neuer, hochqualifizierter Fachkräfte ist groß, dass sich keiner in der Sicherheit seiner Unersetzbarkeit wiegen kann. Durch diesen externen Druck hat Mercedes-Benz immer noch den Luxus, unter den bestqualifizierten Bewerbern der Industrie auswählen zu können, und gilt deshalb auch als auf allen Funktionen hervorragend besetzt.

Die Innenansicht von Mercedes-Benz offenbart dagegen überraschende Unsicherheit, Labilität und Selbstbeschränktheit, die mit der Bewunderung und Faszination, die von außen an das Unternehmen und seine Vertreter herangetragen werden, in eigentümlichem Kontrast stehen. Die Eigenart, sich nicht auf bisherigen Erfolgen auszuruhen und zu verharren, führt zu dem nicht nachlassenden Perfektionsstreben, das immer schon die Stärke der Marke Mercedes-Benz ausgemacht hat. Das ist bei BMW und Porsche ähnlich, wobei dort die Erfahrung der existenzbedrohenden wirtschaftlichen Krise noch eher der Antrieb zu immer neuen Spitzenleistungen ist.

Gerade aus dieser inneren Unsicherheit heraus zwingt sich Mercedes-Benz immer wieder zu Selbstanalysen, Managementänderungen, Umstrukturierungsprogrammen und Methodenentwicklungen, die trotz all der eingesetzten Brillanz keine Chance haben, gegen die Kraft der beständigen Unternehmenskultur anzukommen. Dies führt dazu, dass die Protagonisten des methodischen Wandels frustriert sind, wenn der Vorstand seine Entscheidungen immer wieder im Sinne der Unternehmenskultur von Mercedes-Benz fällt, mit seinen starken Wurzeln einer über hundertjährigen Unternehmensgeschichte.

Wertschöpfungskette – Die Wichtigkeit des Vertriebs

Der Umsetzung der Produkt- und Marketingstrategie durch den Händler wird immer noch nicht der angemessene Stellenwert eingeräumt, was unschwer daran zu erkennen ist, dass nach der Fusion von Daimler-Benz und Chrysler die Vertriebsnetzfunktionen, neben Finanzen, Einkauf, IT und Personal, unmittelbar der Konzernführung unterstellt wurden, ohne in die jeweiligen Markenorganisationen eingegliedert zu werden. Offensichtlich lag dem die Ansicht zugrunde, dass die Distribution eine mehr oder minder reine Kostenposition ohne markendifferenzierende Wertschöpfung darstellt.

Trotzdem muss dem Beobachter der Automobilindustrie klar sein, dass der überwiegende Teil der Wertschöpfung, gemessen als Anteil am Endverkaufspreis, in den Funktionen außerhalb des Produktionswerks erbracht wird. Ebenso gilt für die Vertriebsnetze wie für die Zulieferindustrie eine generell höhere Profitabilität als für die eigentlichen Autohersteller. Es scheint fast so zu sein, als hätten sich die Hersteller mit paradoxer Absicht zunehmend aus allen wirklich profitablen Sektoren der Automobilindustrie zurückgezogen, um jetzt festzustellen, dass mit Design, Logistik und Montage allein kein nachhaltiger Gewinn zu erzielen ist.

Mercedes-Benz hat sich dieser Entwicklung, zumindest in Deutschland, teilweise entziehen können, indem das System der Vertriebsniederlassungen, das heißt eigener Verkaufs- und Servicebetriebe, die direkt zur Konzernstruktur gehören, seit der Nachkriegszeit aufgebaut und kontinuierlich weiterentwickelt wurden. Dabei ist nicht klar erkennbar, ob dem eine zielgerichtete Strategie zugrunde lag, oder ob eine Entwicklung vorlag, die sich jetzt, in Zeiten massiver Umstrukturierungen des Verkaufsgeschäfts, als geradezu genial herausstellen könnte.

Aufgrund des unmittelbaren Zugriffs auf die Kundendaten der Niederlassungen verfügt Mercedes-Benz über eine ideale Voraussetzung zum aktiven Management der Kundenbeziehung. Diese Struktur könnte sich als überlebensnotwendiger Vorteil im Verkaufswettbewerb der Zukunft herausstellen. Neben Potenzialen der Kundenanalyse und -ansprache bieten die Mercedes-Benz-eigenen Verkaufsstellen auch einen höchst effizienten Hebel, um nicht Mercedes-Benz-eigene Händler zur Einhaltung von Firmenstandards oder Verkaufszielen zu bewegen.

Die so genannten Flagship-Stores werden dazu genutzt, der grundsätzlich konservativen und zurückhaltenden Mercedes-Benz-Händlerschaft das Funktionieren der jeweils angesagtesten Händler-Formats- und Corporate-Design-Strategien zu beweisen, häufig allerdings zu einem extrem hohen Preis, der die betriebswirtschaftliche Rentabilität des Niederlassungssystems immer wieder in Frage stellt. Allerdings wäre eine Fokussierung auf Rentabilität der Mercedes-Benz-eigenen Verkaufsniederlassungen alleine nicht ausreichend, denn der direkte Kundenkontakt mit den daraus resultierenden Lerneffekten ist auch wichtig. Dieses Wissen muss allerdings wieder in das Unternehmen zurückgeführt werden, um effektiv daraus zu lernen und sich als innovatives Premiumunternehmen ständig zu verbessern.

Premium Power made by Mercedes-Benz

Mercedes-Benz-Chef Jürgen Hubbert sagt zum Erfolg der Premiummarke Mercedes-Benz:»Nicht nur neue Autos, auch viele Erfindungen, die die Entwicklung der Automobilindustrie vorangebracht haben, stammen von Mercedes-Benz: die Knautschzone, die Sicherheitslenkung, der Airbag, ABS und ESP. Die Fortsetzung dieser Tradition ist unser Anspruch, auch in Zukunft mit Innovationen Schrittmacher der Branche und»First-to-Market« zu sein.«

Woher kommt also der Erfolg von Mercedes-Benz als Premiummarke? Wie schafft Mercedes-Benz es immer wieder, neue innovative Meilensteine vor dem Hintergrund einer über hundertjährigen Unternehmenskultur zu setzen?

Zum einen wirkt der stark in der Unternehmenskultur verwurzelte Innovationsdrang im Bereich der passiven und aktiven Sicherheit, der von allen Mitarbeitern getragen wird und den sich neue Mitarbeiter sehr schnell aneignen. Mit diesen Innovationen in puncto Sicherheit setzt sich Mercedes-Benz weit von der Konkurrenz ab und geht immer wieder in Führung. Diese Entwicklung fängt 1952 mit der Sicherheitskarosserie unter Béla Barényi an und wird bis heute beständig vorangetrieben. Seit der Entwicklung des ABS-Systems unter dem Einsatz von Mikroelektronik hat Mercedes-Benz in den letzten Jahren viele neue Sicherheitsinnovationen auf den Markt gebracht.

Allerdings können Innovationen auch Rückschläge beinhalten, besonders bei der Zuverlässigkeit. Aber Mercedes-Benz wäre nicht Mercedes-Benz, wenn sie diese Herausforderungen nicht auch meistern würden. Jürgen Hubbert sagt dazu:»Wir müssen die Elektronik genauso sicher beherrschen lernen, wie wir es bei der Mechanik gemacht haben. Das klappte auch nicht alles gleich auf Anhieb. Wir wissen, es gibt keine Abkehr von der Elektronik.«

Zum anderen versteht es Mercedes-Benz auf exzellente Art und Weise, durch Premiummarketing diese Sicherheitsinnovationen seinen bisherigen und neuen Kunden nahe zu bringen. Das Gefühl von Geborgenheit und Komfort wird dabei nicht nur in den klassischen Werbemedien übermittelt, sondern auch direkt durch die Vertriebskanäle sowie durch individuelle Kundenansprache kommuniziert. Auch bei einem vorangemeldeten Kundenbesuch eines Mercedes-

Benz-Vertragshändlers wird dieses Marketing direkt und indirekt durch den Service vermittelt. Es herrscht eine Atmosphäre, in der sich der Kunde einfach wohl fühlen muss und sich sicher ist, sich für die richtige Premiummarke entschieden zu haben.

Die wichtigsten Innovationen von Mercedes-Benz

1883: Erster schnelllaufender Viertaktmotor, entwickelt von Daimler und Maybach

1885: Erstes Motorrad der Welt mit Daimler-1-Zylinder-Motor

1886: Erste Automobile: Benz Patent-Motorwagen und Daimler Motorkutsche

1893: Erstes vierrädriges Benz-Automobil mit Achsschenkel-lenkung (Benz Victoria)

1894: Erstes Großserien-Automobil der Welt (Benz Velo)

1897: Erster Boxermotor (Benz Contramotor)

1898: Erstes 4-Zylinder-Straßenfahrzeug (Daimler 8 PS Phönix Phaeton)

1900: Erster Leichtmetallmotor mit gesteuerten Einlass-ventilen (Mercedes 35 PS)

1923: Erster Diesel-Lkw (Benz 5-Tonner mit 4-Zylinder-Dieselmotor Prosper L'Orange)

1933: Doppelquerlenker-Vorderachse mit Schraubenfedern als Weltneuheit

1936: Erster Serien-Pkw mit Dieselmotor Prosper L'Orange (Mercedes-Benz 260 D)

1949: Sicherheitszapfenschlosspatent verhindert bei Unfall das Aufspringen der Türen

1951: Sicherheitskarosseriepatent mit Fahrgastzelle und Knautschzonen (Béla Barényi)

1954: Erste Benzindirekteinspritzung in Pkws mit Viertakt-motor (Mercedes-Benz 300 SL)

1959: Erste Aufprall- und Überschlagversuche

1973: Erster Mercedes-Benz Offset-Crashtest

1974: Erster Serien-Pkw mit 5-Zylinder-Motor (Mercedes-Benz 240 D 3.0)

1976: Sicherheitslenksäule ragt beim Frontalaufprall nicht in die Fahrgastzelle

1977: Erster Serien-Diesel-Pkw mit Abgasturboaufladung (Mercedes-Benz 300 SD)

1978: Anti-Blockier-Systems (ABS) verhindert Blockieren der Räder beim Bremsen (W116)

1981: Airbag: Luftsack, der sich beim Aufprall füllt und vor Kopfverletzungen schützt

1985: Erstes Automatisches Sperrdifferential (ASD) und Anti-Schlupf-Regelung (ASR)

1994: Brennstoffzelle als Fahrzeugantrieb: New Electric Car (NECAR1)

1995: Elektronisches Stabilitätsprogramm (ESP) verhindert Schleudern und Kippen

1996: Brems-Assistent (BAS) erkennt Panik-Bremsungen und verstärkt Bremskraft

1999: Active Body Control (ABC): weltweit erstes aktiv geregeltes Federungssystem

1999: Distronic: erster Serieneinsatz des Abstandregeltempomaten

2000: Keramikbremse (C-BRAKE): erste Bremsscheiben aus Keramik

2001: Sensotronic Brake Control (SBC): elektonisch-hydraulische Bremse

2003: Pre-Safe erkennt Unfallgefahr und bereitet Sicherheitssysteme vor

2004: Airscarf: erstes Nackengebläse im SLK Cabrio gegen einen steifen Nacken

Kapitel 4
Porsche – Die Sportwagen-Schmiede

> »Premiumprodukte haben immer
> noch Konjunktur. Ich glaube, dass
> man in Deutschland hervorragende
> Qualität zu überschaubaren Kosten
> erzeugen kann, die sich auch auf
> dem Weltmarkt behaupten kann.«
>
> Wendelin Wiedeking, Vorstands-
> vorsitzender, Dr.-Ing. h. c. F. Por-
> sche AG

Ein Feuerwerk an guten Zahlen

Eigentlich hat Wendelin Wiedeking, seit 1992 Vorstandsvorsitzender der Porsche AG, allen Grund zum Feiern. Aber Berufspessi-
misten von der Presse haben an der am ersten Pressetag der IAA
2003 präsentierten grandiosen zehnjährigen Wachstumsstory von
Porsche Kritik geübt. Ein etwas zu vorsichtiger Gewinnausblick hat
genügt, um die Porsche-Aktie am nächsten Messetag auf Talfahrt zu
schicken. Nun muss er wieder die Eisen aus dem Feuer holen und
die zum Dinner geladenen Automobil-Finanzanalysten davon überzeugen, dass Porsche keine Schwäche zeigt – im Gegenteil!

Neben Wendelin Wiedeking sitzt auf seiner linken Seite auf dem
Podium sein langjähriger PR-Chef Anton Hunger. Gemeinsam haben sie manch harten Kampf durchgestanden, um Porsche in den
letzten zehn Jahren zurück auf Erfolgskurs zu bringen. Auf der rechten Seite sitzt Finanzvorstand Holger Härter, der für die detaillierten
Finanzfragen der Autoanalysten zuständig ist. Und schräg oben auf
der Empore sitzt Wolfgang Dürheimer, der Forschungs- und Entwicklungsvorstand, der vor fünf Jahren von BMW gekommen ist.
Dürheimer ist hier, um zu lernen, wie man mit Finanzanalysten
umgeht. Wiedeking hatte also auch an das Thema Nachfolge gedacht,

wie von einem exzellenten Unternehmenslenker zu erwarten. Aber auch die Redekunst von Wiedeking hat mit den Jahren als Porsche-Chef den letzten Schliff bekommen.

»Der Cayenne wurde in kürzester Zeit zum neuen Benchmark in seinem Segment, wie die zahlreichen Vergleichstests internationaler Fachmagazine bis zum heutigen Tag eindrucksvoll beweisen. Bei Schnelligkeit, Geländetauglichkeit und Komfort steht er an der Spitze«, so beginnt Wiedeking seine Rede und weiß, dass er mit dem Cayenne die SUV-Konkurrenz ordentlich wachgerüttelt hat. Monatelang ist Wiedeking den Jeep Grand Cherokee Probe gefahren, um zu sehen, was es neben der deutschen Konkurrenz als Benchmark für seine US-Kunden zu schlagen gibt.

Neun Monate nach dem Verkaufsstart ist mit 18 000 ausgelieferten Cayenne Fahrzeugen klar, dass die versprochenen 25 000 Einheiten pro Jahr locker abgesetzt werden können. Der US-Markt hat bisher gezeigt, dass der Cayenne bei BMW X5-Kunden besonders gut ankommt, allerdings findet der neue BMW Z4 leider auch bei Fahrern des in die Jahre gekommenen Porsche Boxster Anklang.

Abb. 4-1 Der Porsche Cayenne Turbo ist mit 266 Stundenkilometern der schnellste Geländewagen der Welt – echte Premium Power und eine erfolgreiche Markendehnung der Sportwagenmarke

Auch gibt Wiedeking mehr von seiner Marketingstrategie preis: »Die erste Welle der kostenlosen Werbung durch die Presse ist abgelaufen, in der zweiten Welle folgt die bezahlte Werbung.« Zudem sind die bereits vor der Markteinführung ausfindig gemachten 100 000 Cayenne-Interessenten über das Internet anzusprechen, um weitere Kundenpotenziale auszuschöpfen.

Nachdem seit neun Monaten der Cayenne Turbo und der Cayenne S eingeführt sind, erfolgt die Präsentation des dritten Mitglieds der Cayenne-Baureihe, das als Einstiegsmodel der Konkurrenz aus Stuttgart und München das Leben schwerer machen soll. Auch wenn Analysten von der Deutschen Bank oder von Goldman Sachs sich nicht begeistert zeigen über die schwache Motorleistung, weiß Wiedeking, dass 5 000 Einheiten pro Jahr für das Einsteigermodel schon mindestens absetzbar sein sollten. Und in der Vergangenheit hat er schon des Öfteren Recht behalten. Der Cayenne Turbo hat mit seinen 266 Stundenkilometer Höchstgeschwindigkeit ganz klar ein Zeichen in der Porsche Premiummarken-Tradition gesetzt: er ist der schnellste Geländewagen der Welt (siehe Abbildung 4-1).

»Jeder zusätzliche Stundenkilometer hatte die Kosten überproportional in die Höhe getrieben: Motor, Getriebe, Bremsen und so weiter«, so Wiedeking. Dies sind allesamt Neuentwicklungen, ganz zu schweigen davon, dass es keine Geländewagenreifen auf dem Markt gegeben hatte, die diese Höchstgeschwindigkeit aushielten. Porsche fand drei willige Reifenhersteller, die bereit waren, so einen Höchstgeschwindigkeitsreifen zu entwickeln und zu liefern. Porsche als Kunden zu haben, öffnet einem Zulieferer manche Tür und man lernt dabei, als Premium-Autozulieferer weiterhin an der Spitze zu bleiben.

Die 266 Stundenkilometer Spitzengeschwindigkeit des Cayenne Turbo ist nicht willkürlich gewählt, denn Land Rovers neuem Range Rover ist unter dem BMW-Entwicklungschef Wolfgang Reitzle, als Land Rover noch zu BMW gehörte, eine Höchstgeschwindigkeit von 260 Stundenkilometer in das Lastenheft geschrieben worden. Allerdings ist Land Rover im Verlauf der Entwicklung aus Kostengründen eingeknickt und hat sich für die geringere Höchstgeschwindigkeit von 208 Stundenkilometer in der Top-Version zufrieden gegeben. Zu dem Zeitpunkt gehört die Marke Rover schon zu Ford, einer Volumenmarke, wo neue Geschwindigkeitsrekorde nicht unbedingt für nötig erachtet werden. Allerdings wäre Porsche nicht Porsche, wenn nicht der Cayenne Turbo für eine spätere Modellpflege noch weitere Leistungsreserven für eine noch höhere Spitzengeschwindigkeit hätte. Denn schließlich ist die Geschwindigkeit ein wichtiger Teil der Porsche Premiummarken-Identität.

Darüber hinaus ist Porsche im Begriff, ein Kostensenkungsprogramm für den Cayenne durchzuführen, obwohl, oder gerade weil, der neue Geländewagen noch nicht einmal ein Jahr alt ist. Dazu erläutert Wiedeking:»Wenn man ein Auto entwickelt und fertig stellt, dann muss man zum Schluss oft Kompromisse wegen des Zeitplanes machen. Nun haben die Ingenieure noch mal ganz in Ruhe Zeit, alle Kosten ganz genau durchzugehen und zu drücken.«

Wendelin Wiedeking kommt auf den Kern der Premiummarke Porsche zu sprechen:»Normalerweise sind Automessen nicht der Schauplatz, um die Vergangenheit zu beschwören. Wenn aber ein Familienmitglied wie unser 911 seinen vierzigsten Geburtstag feiert, dann halte ich es für angebracht, kurz inne zu halten: Warum fasziniert ein Modell nach vier Jahrzehnten mehr denn je? Die Antwort: Porsche hat mit dem 911 den Inbegriff des Sportwagens geschaffen. In der Summe aller seiner Fähigkeiten ist er zum perfektesten Sportwagen der Welt geworden.«

Wiedeking stellt den neuen 911 Turbo Cabrio vor (siehe Abbildung 4-2), der wieder einmal einen neuen Rekord als Cabrio in puncto Geschwindigkeit gesetzt hat, wie es für eine Premiummarke wichtig ist:»Mit unserem Turbo Cabriolet haben wir die Messlatte im Segment der Premium-Cabriolets noch einmal ein gutes Stück höher gelegt. Die offene Version des Turbo besticht durch Leistungsdaten, mit denen es die meisten Wettbewerber klar auf Distanz hält: Der 6-Zylinder-Biturbo mit 420 Pferdestärken beschleunigt das Fahrzeug in 4,3 Sekunden auf Tempo 100, die Spitzengeschwindigkeit liegt bei 305 Stundenkilometer.«

Mit Stolz verkündet Wiedeking die neuesten Absatzzahlen:»Meine Damen und Herren, dass wir mit unserem Unternehmen auf Kurs liegen – auch so manchem Zweifler zum Trotz – unterstreichen die vorläufigen Zahlen des Geschäftsjahres 2002/2003. Trotz der größten Börsenbaisse seit den dreißiger Jahren, trotz monatelanger Bedrückung durch Terror und Krieg, trotz Pessimismus und Stagnation insbesondere in unseren wichtigsten Absatzmärkten

Abb. 4-2 Der 911 Turbo Cabrio hat eine Spitzengeschwindigkeit von 305 Stunden-kilometer und ist damit das schnellste Cabriolet, das Porsche je gebaut hat

USA und Deutschland – Porsche ist wieder zweistellig gewachsen.« Der Umsatzzuwachs wird Anfang Dezember 2003 dann mit 15 Prozent bestätigt, auf fast 5,6 Milliarden Euro. Das Wachstum des Ergebnisses vor Steuern beläuft sich mit 12,6 Prozent auf 933 Millionen Euro. Beide Werte sind absolute Rekorde. Dabei hat sich die Umsatzrendite vor Steuern, ausgedrückt in Prozent, wie im Vorjahr bei 17 Prozent gehalten – kein Autohersteller ist besser!

Abschließend kommt Wendelin Wiedeking zum Höhepunkt des Abends: »Die Spitze der Porsche-Ingenieurskunst ist auch hier auf der IAA zweifelsohne unser neuer Hochleistungssportwagen, der Carrera GT. Die bloßen Daten bringen die Augen eines jeden Automobil-Enthusiasten zum Leuchten: Der 5,7-Liter-V10-Saugmotor entfesselt 612 Pferdestärken, die den GT auf 330 Stundenkilometer beschleunigen. Unsere Weissacher Ingenieure haben mit diesem Fahrzeug eindrucksvoll bewiesen, wozu Porsche heute fähig ist.«

Dann läuft ein Werbefilm für den neuen 450 000 Euro teuren Carrera GT mit der Fahrerlegende Walter Röhrl als Testfahrer (siehe Abbildung 4-3). Röhrl hat in den achtziger Jahren für Audi mit dem Urquattro überwältigende Siege eingefahren und über ihn sagt so manch einer: »Walter fährt wie ein Gott«.

Abb. 4-3 Der auf 1500 Einheiten limitierte Porsche Carrera GT mit Walter Röhrl auf der Leipziger Teststrecke: Exzellent für das Premiummarken-Image von Porsche

Im Werbefilm sieht man Röhrl in den Carrera GT einsteigen und ein paar rasante Runden über den Parcours des Testgeländes der neuen Leipziger Fabrik drehen. Wiedeking, diesmal ganz der Verkäufer, kommentiert:»Die ersten Auslieferungen vom Carrera GT haben begonnen und das schöne ist, viele Kunden nehmen nach einer Testfahrt gleich einen Cayenne dazu mit.« Und dann schließt er seine Rede:»Auch wenn die Wirtschaftsprüfer ihre Arbeit noch nicht beendet haben, darf ich Ihnen heute schon soviel verraten: Beim Ergebnis werden wir ebenfalls noch einmal zulegen. Was die Profitabilität des Unternehmens anbelangt, werden wir damit weiter zur Spitze im internationalen Automobilbau zählen.«

Dennoch weiß auch Wiedeking, wie schnell sich die Lage ändern kann. Vor einem halben Jahr hatte die Sache noch etwas anders ausgesehen, als die Verkäufe der ersten und zweiten Baureihe, des 911 und des Boxsters, in den USA einzubrechen begannen – es war wieder einmal ein Drahtseil-Akt gewesen.

Fliegender Wechsel bei den Porsche-Baureihen

An einem kalten Morgen im Frühjahr 2003 wartet der Porsche-Vorstandschef Wendelin Wiedeking nervös auf die Verkaufszahlen für den Monat März von Porsche Nord-Amerika, dem größten Exportmarkt von Porsche. Die Nervosität ist nicht grundlos, denn die Februarzahlen sind im Vergleich zum Vorjahresmonat mit einem Einbruch von etwa 25 Prozent ein Schock für den erfolgsverwöhnten Firmenchef gewesen.

Wiedeking weiß, dass er die Aktionäre und Presse nicht enttäuschen darf, auch wenn die Februarergebnisse in Amerika auf den starken Schneefall an der Ostküste zurückzuführen sind, der die Auslieferungen sowohl an die Händler als auch die Kunden stark beeinträchtigt hat. Aber er muss sich auch eingestehen, dass die phänomenale Wachstumsstory des Boxsters, der mit dem 911 zusammen die Porsche Verkaufszahlen im Geschäftsjahr 2000/2001 zum ersten Mal seit 1987 über die 50 000er-Marke gebracht hat, sich dem Ende zu neigt. Alle Hoffnungen liegen nun auf der dritten Baureihe, dem Geländefahrzeug Porsche Cayenne, von dem nun in unvorhergesehener Weise die Zukunft von Porsche abhängt.

Endlich sind die US-Zahlen für März 2003 auf Wiedekings Schreibtisch. Die amerikanischen Verkäufe des 911 und des Boxsters haben weiter dramatisch abgenommen, jedoch hat der neue Cayenne alles wieder herausgerissen. Es kommt noch besser, denn im April 2003 ist dank des neuen Geländewagens Cayenne für Porsche ein Verkaufsplus von 47 Prozent in den USA zu verzeichnen. Porsche setzt allein im April 2003 in den USA und in Kanada 3 129 Cayennes ab. Bei den Sportwagen 911 und Boxster verbuchten die Stuttgarter dagegen im Jahresvergleich ein deutliches Minus von 21 Prozent, was allerdings der Cayenne mehr als wettmacht.

Wiedeking kann aufatmen. Allerdings beunruhigt ihn die Meldung über das Fehlen der normalerweise auftretenden, überhöhten Graumarktpreise für solche Cayenne-Kunden, die sich nicht auf eine Warteliste setzen lassen wollen. Soll das etwa heißen, dass der Mindestabsatz von 25 000 Cayenne pro Jahr zu hoch geplant war? Nichts könnte sich ein Premiummarken Hersteller wie Porsche weniger leisten als ein überhöhtes Produktangebot und einen Absturz der Nachfrage – aber auch das weiß Wiedeking nur zu genau.

Der Ursprung der Firma Porsche

Am 25. April 1931 gründet Ferdinand Porsche das Konstruktionsbüro Porsche GmbH Konstruktionen und Beratungen für Motoren- und Fahrzeugbau in Stuttgart und legt damit den Grundstein für die heutige Dr.-Ing. h.c. F. Porsche AG. Ferdinand Porsches Sohn Ferry ist von Anfang an beim neuen Konstruktionsbüro dabei. Zuvor ist Ferdinand Porsche bei Austro-Daimler, Daimler und Steyr tätig, wo er sich den Ruf eines genialen, aber schwer zu bändigenden Konstrukteurs erworben hat. Nach dem Patent der Drehstabfederung entwickelt Ferdinand Porsche 1928 als technischer Direktor und Vorstandsmitglied bei Daimler die legendären Kompressor-Sportwagen Mercedes SS und SSK.

1932 wird von Ferdinand Porsche der Heckmotor patentiert, als Teil einer Entwicklungsstudie. 1934 folgt der Auftrag für den legendären Volkswagen, mit dem sich Porsche schon seit längerem beschäftigt hat und den er daher als schlüssiges Konzept für den späteren Käfer präsentieren kann.

Nach dem Krieg wird unter der Leitung von Ferry Porsche in Gmünd in Österreich ein Sportwagen auf Basis von Volkswagentei-

Abb. 4-4 Der Porsche 356 ist der erste Porsche-Sportwagen, der 1947 unter Leitung von Ferry Porsche in Gmünd in Österreich als Prototyp gebaut wird

len realisiert: der 356 (siehe Abbildung 4-4). 1947 wird der erste Porsche Typ 356/1 technisch abgenommen und geplant ist, eine jährliche Stückzahl von maximal fünfhundert Autos zu bauen. 1950 kehrt Porsche nach Stuttgart zurück. In gemieteten Räumen der Karosseriewerkstatt Reutter richtet man Fertigungsanlagen ein. Porsche macht damit den Schritt vom Ingenieursbüro zur eigenständigen Automobilfabrik.

1951 verzeichnet der Porsche 356 seinen ersten internationalen Rennerfolg: er ist beim 24-Stunden-Rennen von Le Mans in Frankreich der Sieger in der Klasse bis 1100 Kubikzentimeter Hubraum. Porsches Ruf als schnelle Premiumsportwagen-Marke beginnt und ist seitdem nicht mehr aufzuhalten.

1953 wird der 550 Spyder vorgestellt und 1964 ist Produktionsbeginn des 911, der von Ferdinand Alexander Porsche gestylt wird, dem Enkel von Ferdinand Porsche und Sohn von Ferry Porsche. Ursprünglich sollte der Typ als 901 bezeichnet werden, doch gab es einen Einspruch von Peugeot, die sich bereits sämtliche Zahlenfolgen mit einer Null in der Mitte geschützt hatten. Heutzutage hat Ferdinand Alexander Porsche ein Design Studio im österreichischen Zell am See. Mit dem Siegel »designed by F. A. Porsche« entwirft er Gebrauchsgegenstände für den gehobenen Bedarf. Seit Oktober 2003 gibt es durch eine gemeinsame Holdingzusammenfassung wieder eine engere formelle Zusammenarbeit mit der Porsche AG, um ein einheitliches Designauftreten nach außen zu gewährleisten.

Die Serienproduktion des 911 läuft im Karosseriewerk Reutter an, das Anfang der sechziger Jahre von Porsche übernommen wird. Zwar hat die bisherige Hausbank, die Commerzbank, die Investitionen blockiert, doch durch die Vermittlung des Stuttgarter Oberbürgermeisters wird die Investition durch einen Kredit bei der städtischen Spar- und Girokasse finanziert.

Mit dem 911 gewinnt Porsche 1968 die Rallye Monte Carlo und 1969 zum zweiten Mal die Markenweltmeisterschaft. Unter der Leitung von Ferdinand Piëch gewinnt der Porsche 917 mit dem 4,5 Liter 12-Zylinder-Boxermotor im Jahr 1970 weltweit alles, was es zu gewinnen gibt, einschließlich der Marken-Weltmeisterschaft der Formel-1 und der Langstrecken-Weltmeisterschaft. Ferdinand Piëch ist ein Enkel von Ferdinand Porsche und Sohn von dessen Tochter Louise Piëch. Allerdings ist der Kostenaufwand für das Gewinnerauto so groß, dass der Porsche-Piëch-Clan beschließt, Ferdinand Piëch doch lieber aus dem Unternehmen herauszuhalten.

Piëch aber besteht auf Gleichbehandlung, was zur Folge hat, dass alle Porsches und Piëchs das Unternehmen verlassen müssen, um den Burgfrieden zu wahren. Seit dem 1. März 1972 wird Porsche durch familienfremde Manager geleitet. Ferdinand Piëch aber tritt am 1. August 1972 bei der Audi NSU Auto Union AG seinen Job als Hauptabteilungsleiter beim ehemaligen Mercedes-Konstrukteur Ludwig Kraus an.

1974, zehn Jahre nach dem ersten Porsche 911, wird der erste 911 Turbo auf dem Pariser Auto Salon präsentiert. Dieser leitet die Ära der Abgas-Turboaufladung im Automobilbau ein. Im Jahre 1982 fängt dann der Siegeszug des Porsche 956er bei verschiedenen Autorennen an und macht den 956er zu einem der erfolgreichsten Rennsportwagen überhaupt. Immer wieder hat Porsche über die Jahre bewiesen, dass es als innovative Premiummarke zu Spitzenleistungen im Autorennen fähig ist, was den Ruhm als schnelle und zuverlässige Sportmarke zementiert.

Der harte Fall nach dem steilen Aufstieg in den Achtzigern

In den Achziger Jahren beginnt für Porsche unter dem Deutsch-Amerikaner Peter Schutz ein rasches Wachstum in den USA. Er generiert dort über 50 Prozent des Umsatzes, und ist damit in den Jahren 1981 bis 1987 der bis dato erfolgreichste Porsche-Manager. Allerdings ist sein großer Erfolg, nämlich die Erschließung des nordamerikanischen Marktes, auch negativ behaftet, denn damit gerät Porsche in die Abhängigkeit von dem amerikanischen Markt und unterliegt der Entwicklung des Dollarkurses.

Von 1980 bis 1985 steigt der Dollar um fast 50 Prozent, was eine enorme Unterstützung für die Porsche-Gewinne bedeutet, um dann, als man sich an den hohen Dollarkurs gewöhnt hat, bis 1988 wieder um den gleichen Prozentsatz zu fallen. Schutz hat sich um die Erhaltung des 911 verdient gemacht, sodass der 911 auch als Cabrio erscheint, das besonders im Bundesstaat Kalifornien beliebt ist. Doch die Auswirkungen des Verfalls des Dollarkurses lassen Porsches Gewinne dahinschmelzen. Dazu kommt noch der Börsen-crash vom Oktober 1987, der sich auf der Nachfrageseite massiv bemerkbar macht. Das führt am 1. Januar 1988 dazu, dass der lang-jährige Finanzchef Heinz Branitzki kommissarisch den Chefsessel übernimmt. Dringend gesucht wird ein neues Erfolgsmodell, das Porsche aus der Krise helfen soll.

Entwicklungschef Helmut Bott und Ulrich Bez denken an ein neues Modell für Porsche, dessen Optionen ein Geländewagen oder ein 2+2-Sitzer sind. Der Geländewagen, in den siebziger Jahren bereits von Ferry Porsche vorgeschlagen, scheitert an einem fehlen-den Kooperationspartner. So wird erst unter Vorstandschef Branitzki, dann unter Vorstandschef Bohn das Porsche 2+2-Sitzer Projekt mit Hochdruck unter dem Entwicklungschef Ulrich Bez voran getrieben.

Arno Bohn fängt im März 1990 bei Porsche als Vorstandsvorsit-zender an. Die Autowelt ist überrascht, da Bohn nicht aus der Auto-industrie, sondern aus der Computerindustrie kommt, genauer ge-sagt von Nixdorf, wo er allerdings wegen schlechter Ergebnisse nicht ganz freiwillig gehen musste. Arno Bohn lässt Entwicklungsvor-stand Ulrich Bez weiter an seinem 2+2-Sitzer arbeiten, dem Projekt 989. Es verschlingt 600 Millionen Mark an Entwicklungskosten, bevor es wegen der Kostenexplosion gestoppt wird. Zeitgleich wird auch an einem anderen Projekt gearbeitet, einem kleineren Porsche, unterhalb des 911. Es ist der Typ 986, also der spätere Boxster, bei dem man schon von Anfang an weiß, dass er sich aus Kostengrün-den die Plattform mit dem neuen 911 teilen muss.

Entwicklungschef Ulrich Bez geht am 17. September 1991 und wird durch Horst Marchart ersetzt, der dem Projekt 986 vollen Schwung verleiht. Das Projekt hat die Unterstützung des Familien-clans Piëch-Porsche und die des Produktionsvorstands Wendelin Wiedeking. Bohn hat zum 1. Oktober 1991 Wendelin Wiedeking als Produktionsvorstand bei Porsche bestellt. Dieser kniet sich gleich in die Sache hinein und erarbeitet ein Sanierungskonzept.

Allerdings legte sich der glücklose Vorstandsvorsitzende Arno Bohn dann noch mit Ferdinand Piëch an, dem wohl kämpferischs-ten Mitglied des Porsche Aufsichtsrats. Bohn will gegen Piëchs Ein-fluss auf seine Arbeit juristisch vorgehen, indem er ihm Industrie-spionage vorwirft, da Piëch gleichzeitig auch Vorstandsvorsitzender von Audi ist. Zu spät erkennt Bohn den Fehler, Ferdinand Piëch zum

Feind zu haben. Dieser nicht selten auftretende Top-Management-fehler, die Machtverhältnisse eines Familienunternehmens zu verkennen, kostet Bohn seinen Job bei Porsche. Arno Bohn musste am 22. September 1992 das Haus Porsche verlassen, weil er die grundlegende Regel nicht verstanden hat, nämlich dass die Gesellschafter das Top-Management bestimmen und nicht umgekehrt. Außerdem sind in harten Zeiten harte Männer gefragt und die warten bei Porsche nur auf ihre Gelegenheit.

Wiedeking setzt sich bei Porsche durch

Ferdinand Piëchs Meinung ist klar: Produktionsvorstand Wendelin Wiedeking soll den Top Job gleich übernehmen, da er ja schon einen detaillierten Restrukturierungsplan ausgearbeitet hat. Ferdinand Piëch setzt sich bei der Auswahl des Vorstandssprechers gegenüber den anderen Familienmitgliedern durch, deren eigentlicher Favorit Finanzchef Walter Gnauert gewesen ist. Und so tritt am 1. Oktober 1992 Wendelin Wiedeking, der seit einem Jahr Produktionschef bei Porsche ist, an Bohns Stelle. Wiedeking hatte schon früher für Porsche gearbeitet, aber dann im Dissens über seine Gehaltsvorstellungen Porsche verlassen, um den angeschlagenen Automobilzulieferer Glyco erfolgreich zu sanieren. Und Sanierungsqualitäten sind jetzt bei Porsche gefragt.

Wendelin Wiedeking ist in Wahrheit aber auch nicht die erste Wahl für den Vorstandvorsitz bei Porsche. Zuvor wurde Wolfgang Reitzle, Vorstandsmitglied bei BMW, die Position angeboten, aber der kann seinen Vertrag mit BMW nicht schnell genug lösen – die starke Hand der Familie Quandt hält ihn zurück. Auch Ferdinand Piëch, Vorstandsvorsitzender bei Audi, bekommt angeblich das gleiche Vertragsangebot vorgelegt, strebt aber nach Höherem, dem Chefsessel bei Volkswagen, und lehnt daher ab. Wiedeking setzt sich langsam, aber sicher im Rennen durch und wächst mit den Jahren erfolgreich in seine neue Chefrolle hinein. Mittlerweile hat er unter seinen deutschen Vorstandskollegen den besten Ruf seiner Zunft. Der selbst nicht unerfolgreiche Automobilmanager Ferdinand Piëch hat Wendelin Wiedeking einmal als »den besten Automanager Deutschlands« bezeichnet.

Allerdings ist Piëch später erzürnt über Wiedeking, als dieser sein Angebot, sein Nachfolger bei Volkswagen zu werden, ablehnt. Piëch kontert in der Presse: »Wer wirklich etwas Großes erreichen will, muss ein Mal einen großen Fehler begangen haben.« Doch es ist nicht ganz nachvollziehbar, wie man das erfolgreiche vorsichtige fehlervermeidende Handeln von Wiedeking als negativ darstellen kann, außer man ist es eben, wie Piëch, gewohnt, dass seine Angebote nicht ausgeschlagen werden. Außerdem, hat Wiedeking bei Porsche nicht schon »etwas Großes erreicht«? Aber dazwischen liegt ein steiniger und harter Weg für Porsche und für Wiedeking.

Restrukturierung: von Japan lernen, aber nicht kopieren

Auch wenn Piëch sich den Job bei Porsche selbst zugetraut hätte, gibt er anerkennend zu, mit einer solchen Härte hätte er selbst den Porsche Turn-Around nicht durchgezogen. Denn auch die gnadenlose Umsetzung der als Jobkiller bekannten Gemeinkosten-Wertanalyse mit McKinsey gehört dazu, die schon zu Wiedekings erster Porsche-Zeit unter seiner Mitwirkung erarbeitet wurde, dann aber in der Schublade verschwand. Wiedeking macht als frischgebackener Porsche-Chef diese Schublade wieder auf und damit müssen etwa 2 000 Porschemitarbeiter gehen – die niedrigen Produktionszahlen lassen nichts anderes zu, um Porsche vor dem Untergang zu retten. Wendelin Wiedeking hat die ineffizienten Produktionsabläufe im Zuffenhausener Stammwerk erkannt und eliminiert, auch wenn dieser Prozess mit harten Einschnitten allen wehgetan hat.

Wiedeking wusste, dass es kein Zurück gab, wie zuvor beim Autozulieferer Glyco. Dort hatte Wiedeking auch gelernt, wie hilfreich die japanischen Verbesserungspraktiken sind, besonders die von Toyota mit seinem Toyota Produktions-System (TPS). So fliegt Wiedeking, als er wieder bei Porsche ist, 1991 mit einem Team von Spezialisten nach Japan und untersucht verschiedene Autofabriken, auch die von Toyota. Aus seinen Mitschriften entsteht ein Report von etwa 300 Seiten, der das erlernte Wissen dokumentiert und streng vertraulich nur für seine engsten Vertrauten bei Porsche bereitsteht. Wiedeking schafft es sogar, das Toyota nahe stehende Kaizen-Beratungsteam für radikale Effizienzverbesserungen bei Porsche zu gewinnen, und das gegen dessen hauseigenen Schwur, sein Wissen nie an ausländische Konkurrenten weiterzugeben. Sicher spielt hierbei eine Rolle, dass Toyota Hoffnung gemacht wird, eventuell bei Porsche einsteigen zu können.

In der Produktion gibt es dann die legendären »Kreissägenmassaker«, bei denen Vorratsregale mit teuren Beständen, die zu hoch und zu groß sind, einfach mit der Kreissäge verkürzt werden, da jetzt Kanban und Just-in-Time-Teilezulieferung eingeführt werden. Mit Hilfe der japanischen TPS-Consultans wird jegliche Ressourcenverschwendung unterbunden. Doch damit ist noch lange nicht Schluss, denn es wird auch Kaizen, zu Deutsch ein ständiger Verbesserungsprozess, eingeführt. Dieser wird dann bei Porsche in den Porsche-Verbesserungs-Prozess (PVP) umgewandelt, um Porsche auf Effizienz zu trimmen.

Zuständig für die Kaizen-Umsetzung ist Produktionsvorstand Uwe Loos. Er ist als großer Japan-Fan bekannt und setzt Wiedekings Vorgaben rigoros um. Allerdings verläuft der Prozess nicht immer reibungslos. Viele Mitarbeiter beklagen sich über die Arroganz der TPS-Berater und der PVP findet mit zunehmender Umsetzung immer weniger Verbesserungsmöglichkeiten. Porsche ist an der Grenze des Machbaren gestoßen. Doch auch Loos steigen seine erzielten Erfolge zu Kopf. Er fordert den Führungsanspruch Wiedekings heraus, sodass sein Vertrag 1998 nicht mehr verlängert wird, denn Porsche-Chef kann nur einer sein.

Nachfolger als Produktionsvorstand wird 1998 Michael Macht, der seit 1994 als Geschäftsführer der Porsche Consulting GmbH tätig ist. In dieser Consulting-Gesellschaft wird das von den Japanern erlernte Wissen gesammelt und dann intern zur Verfügung gestellt, und später auch an den Rest der deutschen Autoindustrie gegen gutes Geld verkauft.

Die zweite Baureihe: der Boxster

Wendelin Wiedeking hat mit viel Elan auf allen Unternehmensebenen eine glänzende Restrukturierung vollbracht. Durch Effizienzverbesserungen und Kostensenkungen in der Produktion ist der Rückstand zu den japanischen Autoherstellern mithilfe eines

Gewaltmarsches in kürzester Zeit wieder aufgeholt worden. Doch damit nicht genug.

Wiedeking sieht nicht nur das Einsparpotenzial durch Effizienzsteigerungen und Kostensenkungen in der Produktion, sondern auch in der Entwicklung, wo das Zauberwort Plattformstrategie heißt. Plattformstrategie bedeutet, dass mehrere Automodelle eine gemeinsame Bodengruppe sowie die gleichen Motoren beziehungsweise Antriebstränge benutzen.

Die Plattformstrategie wird innerhalb des Vorstandes als zwingende Bedingung für einen preiswerten Roadster angesehen, der als Projekt 986 gestartet wird. Die Kunst dabei ist, dass man dank vieler Gleichteile Kosten spart, die Automodelle aber dennoch unterschiedlich aussehen lässt. Bei der Markteinführung des Roadsters Boxster 1995 (siehe Abbildung 4-5) sind 35 Prozent der Teile identisch mit denen des ein Jahr später erscheinenden neuen 911, was natürlich Kosten spart.

Trotz der Verwendung der gleichen Plattform des 986 ist der 911 (Modell 996) ein 2+2-sitziger Heckmotorwagen geblieben, während der Boxster (Modell 986) ein Mittelmotorwagen mit zwei Sitzen ist.

Abb. 4-5 Der Boxster mit dem Projektcode 986 wird 1995 in den Markt eingeführt und ein großer Erfolg für Porsche als zweite Baureihe neben dem 911

Ein Mittelmotorwagen, bei dem sich der Motor in der Mitte des Wagens direkt hinter dem Fahrer befindet, lässt sich besser in Kurven handhaben, weil er einer Idealgewichtverteilung von fünfzig zu fünfzig zwischen Vorder- und Hinterachse am nächsten kommt. Daher ist auch die stärkste Motorisierung, der Boxster S, bei Porsche-Entwicklern das beliebteste Sportfahrzeug, natürlich nach dem Supersportwagen Carrera GT.

Mit dem neuen 911 (Modell 996) werden auch neue Kundengruppen erschlossen. Wurden bisher nur technisch und fahrerisch versierte Kunden angesprochen, richtet sich der neue 911 auch an komfortorientierte Kunden. Längst überfällig ist der Umstieg vom leichteren luftgekühlten zum wassergekühlten Boxermotor, der mit dem Modell 996 vorgenommen wird. Alle anderen Automobilhersteller sind schon längst wegen besserer Schalldämpfungs- und Heizungseigenschaften auf Wasserkühlung umgestiegen. Hier lässt sich verdeutlichen, was die Tradition einer Premiummarke ausmacht. Weil der Sound des neuen, wassergekühlten Motors wie der des alten klingen muss, arbeiten bis zu vierzig Ingenieure an einem kleinen Kästchen, das den wassergekühlten Motor akustisch zum luftgekühlten Motor macht. Diese hohe Investition, nur für den Sound eines Motors, könnte sich ein Volumenhersteller nie leisten. Aber bei Porsche ist dieses Vorgehen überlebensnotwendig, da der Porsche-Kunde auch immer ein Stück vom Mythos mitkauft, zu dem ein kerniger Porsche-Sound gehört.

Porsche ist eben anders als die anderen, was sich auch im Fall des Zündschlosses zeigt, das bei einem Porsche immer links vom Lenkrad ist. Historisch betrachtet hat das wichtige Sekundenbruchteile an Vorsprung bei den Autorennen gebracht, bei denen der Fahrer erst nach dem Start in das Auto springen musste um loszufahren.

Der damalige Porsche-Chefdesigner Harm Lagaay erinnert sich rückblickend und bemerkt, dass er heute lediglich die Frontlichter des 911 und des Boxsters in einem unterschiedlichen Design gestaltet hätte, um die Autos optisch noch mehr zu differenzieren. Die sehr ähnliche Frontpartie der beiden Wagen hatte bei vielen etablierten 911-Kunden für große Kritik gesorgt. Aber zu jener Zeit war das Geld bei Porsche knapp und Kosten mussten gespart werden.

Als Wiedeking nach schlaflosen Nächten den Kaufpreis für den

Boxster mit nur 72 000 Mark festsetzt, ist sein Finanzvorstand nicht begeistert. Doch der Erfolg von bis zu 28 000 verkauften Boxster pro Jahr (der Porsche-Vertrieb hat in der Planungsphase schon 15 000 Boxster pro Jahr für unmöglich hoch gehalten) gibt Wiedeking Recht und der Boxster trägt seinen Teil zum phänomenalen Porsche-Wachstum und Gewinn der letzten zehn Jahre bei.

Trotz der guten Verkaufszahlen des Boxsters will Wiedeking dennoch nicht das Risiko eines neuen Fabrikbaus eingehen. Zu sehr scheut er die Investition, da er genau weiß: der nächste Abschwung kommt bestimmt. So verhandelt er mit dem Autohersteller Karmann in Osnabrück und mit Valmet, einer kleinen Autoproduktionsfirma in Uusikaupunki in Finnland. Karmann rechnet sich große Chancen aus, denn der Boxster sieht nicht nur dem legendären Porsche Spyder 550 von 1953 ähnlich, in dem James Dean den Heldentod starb, sondern auch in verblüffender Weise einer Autostudie, die Karmann zuvor auf der Frankfurter Automobilmesse präsentiert hat.

Valmet allerdings hat zwei große Vorteile. Zum einen können sie dank der Hilfe von japanischen Qualitätsfachleuten eine exzellente Produktqualität vorweisen, und zum anderen ist ihre Produktionskapazität flexibel an die Nachfrage sowie an die Kapazität des Porsche-Stammwerkes in Stuttgart-Zuffenhausen anzupassen. So bekommt Valmet den Zuschlag, und die Flexibilität der Finnen wird mit höherem Auftragsvolumen belohnt. Jedoch betont Wiedeking immer wieder: »Die Produktion kann von heute auf morgen bei Valmet gestoppt werden – ein Anruf genügt!«

Die seit Ende 2002 und Anfang 2003 zurückgehenden Boxster-Verkaufszahlen veranlassen Wiedeking, die Produktion bei Valmet, die hauptsächlich für den US-Export bestimmt ist, deutlich zu kürzen. Er hat schon seit Jahren ganz klar verkündet, dass es bei Porsche keine Rabatte geben würde, um den Umsatz anzukurbeln und die Fabriken besser auszulasten.

Porsche und Rabatte: eine differenzierte Sichtweise

Als der Porsche-Chef in den USA, Fred Schwab, im Sommer 2002 alle Mitglieder des Porsche North America Club anschreibt, um ihnen einen Rabatt auf alle älteren Boxster Modelle anzubieten, um die Lager für das geliftete Boxster-Modell zu räumen, steht das im Widerspruch zu Wiedekings Vorgaben. Wiedeking reagiert und macht klar, dass es sich hier um eine nicht abgesprochene Aktion handelt und dass Porsche eher die Produktion kürzen als sich auf Rabattschlachten wie die großen amerikanischen Hersteller einlassen würde. Rabatte ruinieren nicht nur die Gebrauchtwagenpreise, sondern auch das Premiumimage einer Marke. Zwar bekommt der US-Porsche-Chef Schwab noch eine Chance und darf seinen Job vorerst behalten – allerdings nicht lange, denn ein halbes Jahr später muss er gehen. Wer die Kultur einer Premiummarke nicht oder nicht mehr versteht, wird von ihr abgestoßen, um die Premiummarke selbst nicht zu gefährden.

Allerdings kommt im November 2003 eine unglaubliche Nachricht aus Amerika: Porsche gibt Rabatte bis zu 3000 Dollar. Was ist geschehen? Dieses Mal hat Porsche alle Besitzer eines 911 oder Boxster angeschrieben, dass sie beim Kauf eines Neuwagens eine Anrechung von bis zu 3000 Dollar über den üblichen Listenpreis für ihren gebrauchten Porsche erhalten. Das bedeutet also kein normales »Cash Back«, Bargeld beim Kauf eines Autos, wie es in Amerika üblich ist und die Gebrauchtwagenpreise ruiniert. Porsche geht einen klar selektiven Weg, der tendenziell die Gebrauchtwagenpreise von Porsche steigern sollte. Es bleibt abzuwarten, ob die Strategie der selektiven Incentivierung funktioniert. Aber diese Innovation ist eben typisch Premiummarke oder wie es Wiedeking ausdrücken würde: »Geht nicht – gibt's nicht!«

Die dritte Baureihe: der Cayenne

Ursprünglich hatte Porsche die dritte Baureihe, ein Sport Utility Vehicle, also Geländewagen, zusammen mit Mercedes-Benz bauen wollen. Jedoch ist das Vorhaben daran gescheitert, dass Mercedes das gemeinsame Projekt im Laufe der Verhandlungen mit einer Beteiligung an Porsche verbinden will. Mercedes-Benz hat nicht mit dem erbitterten Widerstand des Porsche-Piëch-Clans gerechnet, für den die Unabhängigkeit des Familienunternehmens zu keinem Zeitpunkt zur Disposition stand.

1992 ist die Familienholding schwer in der Bredouille und Porsche wird fast wöchentlich als Übernahmeobjekt in der Presse gehandelt. Nicht nur Mercedes-Benz, sondern auch Toyota, Honda und Ford sind sehr an einem Einstieg interessiert. Doch der Familie Porsche-Piëch gehört neben der Porsche AG auch noch der Volkswagen-Audi-Vertrieb in Österreich, der mit einem Marktanteil von mehr als 50 Prozent unter Louise Piëch zu einer erfolgreichen Geldmaschine aufgebaut worden ist.

Dennoch, als Wendelin Wiedeking 1991 in den schwersten Zeiten zum Produktionsvorstand und 1992 schließlich zum Vorstandsvorsitzenden gewählt wird, weiß er besonders die Begehrlichkeiten von Toyota für seine Zwecke zu nutzen und lässt sich in japanischer Produktionseffizienz beraten. Auch Mercedes-Benz versucht, sich durch den Produktionsauftrag für den 500E – einer extrem sportlichen und mit 8 Zylindern sensationell motorisierten E-Klasse – bei den Porsche-Eigentümern beliebt zu machen.

Jedoch alle Bemühungen bleiben ohne Erfolg, denn kaum ist die Krise ausgestanden, wird die Unkäuflichkeit des Unternehmens wieder ganz klar herausgestellt. Das Projekt der Montage des ersten Audi RS4 bei Porsche ist sicherlich auch von zwei Seiten zu betrachten. Einerseits sucht Audi zur Imageverbesserung und zur Sicherstellung einer makellosen Produktqualität die Verbindung mit Porsche, andererseits liegt es sicherlich auch im Interesse der Familie Piëch, die Kapazitäten bei Porsche ausgelastet zu wissen.

Der Cayenne wird als dritte Baureihe von Porsche zusammen mit Volkswagen in Weissach entwickelt, dem Entwicklungszentrum von Porsche, das auch Fremdaufträge annimmt. Die Plattform (PL75) des gemeinsamen Projekts stammt vom VW-Transporter und wird durch Porsche stark verändert. Im Gegensatz zu dem VW-Transporter wird der Motor längs statt quer eingebaut, während die Luftfederung vom Audi Allroad übernommen und bei Porsche zu neuen Höhen getrimmt wird. Der Cayenne selbst wird in der VW-Fabrik in Bratislava vorgefertigt, die auch japanisches Effizienz- und Qualitätstraining erhalten hat und deren Qualität regelmäßig in VW-Rankings hervorsticht. Die lackierte Karosserie einschließlich Fahrwerk, Kabelsatz und Interieur wird in versiegelten Eisenbahnwaggons zur Endmontage in die neue Porsche-Fabrik in Leipzig verbracht. Die letzten 20 Prozent der Wertschöpfung erfolgen dann in Leipzig, inklusive des Motors, der bei Porsche für alle Modell aus Stuttgart-

Zuffenhausen kommt, da er als Kern des Premiumprodukts angesehen wird.

»Wer braucht eigentlich einen Porsche?«, ist eine häufig zitierte, typisch provokative Frage von Wendelin Wiedeking, die er mit einem verschmitzten Lächeln selber beantwortet: »Eigentlich niemand!« Einen Porsche zu verkaufen, ist Wiedekings Ansicht nach eher die Frage, »ob man bei den Kunden den Speichelfluss anregen kann.« Und damit hätte er den Kern einer Premiummarke gar nicht besser beschreiben können.

Der Verkaufserfolg gibt Wiedeking Recht, und der Boxster trägt seinen Teil zum phänomenalen Porsche-Wachstum und Gewinn der letzten zehn Jahre bei. Mit der dritten Baureihe, dem Geländefahrzeug Porsche Cayenne, geht das rasante Wachstumstempo auch 2003 weiter und bringt eine Abfederung der starken Absatzeinbrüche, die durch die Neuauflage des 911 und des Boxster in den Jahren 2004 und 2005 erwartet werden.

Sicher Grund genug für Ferdinand Piëch, zufrieden zu sein, dass er damals in der Großfamilie so sehr für Wendelin Wiedeking als Vorstandsvorsitzenden geworben und sich letztlich auch zum Wohle Porsches durchgesetzt hat. Wiedeking hat Piëch nicht enttäuscht. Er hat mit der besagten japanischen Hilfe und viel Elan auf allen Ebenen im Unternehmen einen glänzenden Turn-Around vollbracht.

1993 bis 2003 hat sich unter Wendelin Wiedeking der Porsche-Umsatz um 100 Prozent gesteigert und der damalige Verlust von 122 Millionen Mark hat sich in einen satten Gewinn von 933 Millionen Euro vor Steuern im Geschäftsjahr 2002/2003 verwandelt. Der Gewinn, also die Umsatzrendite vor Steuern, ist 2001/2002 und 2002/2003 mit 17 Prozent vor Steuern der höchste Prozentsatz in der gesamten weltweiten Autoindustrie – »the Benchmark in the Industry« – echte Premium Power eben.

Erfolg macht süchtig

Wendelin Wiedeking fasst das Erfolgsgeheimnis von Porsche wie folgt zusammen: »Es gibt kein Geheimnis. Hinter unserem Erfolg steckt eine Menge harter Arbeit und große Anstrengung, Projekte für die Zukunft zu entwickeln.«

Was oder wer steckt also wirklich hinter dem Erfolg von Porsche? Da ist zum einen, im Vergleich zu den anderen drei deutschen Premium-Automarken, die extreme Ausprägung der Eigenschaft Schnelligkeit zu nennen, die sich durch zahlreiche Rennsiege in den letzten fünfzig Jahren einen schon fast sprichwörtlichen Ruhm erarbeitet hat. Ein Porsche ist immer schneller als die anderen. Auch ist das Design von Porsche immer so angelegt, dass man ihn sofort erkennt – eine exzellente Heritage also, von der viele Volumenhersteller nur träumen können. Drittens ist Porsche durch die Inhaberstruktur finanziell unabhängig, sodass Entscheidungen flexibel, auf dem Markt abgestimmt getroffen werden und langfristige Investitionen getätigt werden können.

Porsche hat auch das Glück, mit Wendelin Wiedeking einen Ingenieur als Chef zu haben, der sich als Unternehmer fühlt (»Ich führe die Firma wie mein eigenes Unternehmen«), der genau auf die Kosten achtet (»Ich passe auf die Kosten auf, weil ich mit dem Geld umgehe als wäre es mein Geld«) und der auf den Markt achtet wie kein anderer. Wiedeking ist sicher von allen vier Premiummarken-Chefs derjenige, der mit den größten persönlichen Beitrag zum Erfolg seiner Premium-Automarke geleistet hat – nicht nur, weil er seit zehn Jahren dabei ist. Wiedekings wichtigste Erfahrung ist die als Chef des Automobilzulieferers Glyco, wo er gelernt hat, wie das Toyota Produktions-System funktioniert, um es bei Porsche erfolgreich anzuwenden. Allerdings wird es nur in der Produktion eingesetzt und eben nicht in der Entwicklung, denn das wäre der Tod der innovativen Premiummarke Porsche.

Die kleine Premiummarke Porsche steht unter der konstruktiven Kritik Wiedekings, der Missstände aufdeckt und den Unternehmergeist belebt. Dies kommt bei einem großen Teil der Porsche-Kunden, die selber Unternehmer sind, gut an und macht auch Porsche darüber hinaus sozial akzeptabler, wenn man beispielsweise aktiv Subventionen ablehnt. Er treibt aber auch, mit Unterstützung von Ferdinand Piëch im Aufsichtsrat, die Firma Porsche immer wieder zu Höchstleistungen an, denn Zeit zum Ausruhen gibt es nicht. Wiedeking weiß: die Konkurrenz lauert an allen Ecken.

Die wichtigsten Innovationen von Porsche

1951: Porsche Ringsynchronisierung: mehr als 200 Patente für Getriebe

1955: Erstmals gebogene Verbundglas-Frontscheibe im 356 Speedster

1965: Erstes Sicherheitscabriolet mit Überrollbügel (911 Targa)

1970: Erste innenbelüftete Scheibenbremse serienmäßig im 911 2,2 Liter

1971: Galvanisch verzinkte Bodenbleche gegen Durchrosten

1974: Serienmäßige Motor-Abgasturboaufladung im 911 Turbo zur Leistungssteigerung

1976: Erste serienmäßige feuerverzinkte Karosserie im 924

1982: Doppelkupplungsgetriebe (PDK): vereint die Vorteile der Automatik mit den Vorteilen eines Schaltgetriebes

1986: Fahrer- und Beifahrerairbag serienmäßig im 944 Turbo für USA

1986: Elektronisch geregelter Allradantrieb

1987: Reifendruckkontrolle serienmäßig im 928 S4

1989: Tiptronic: Automatikgetriebe mit manueller Schaltmöglichkeit

1989: Vollverkleideter Boden (Carrera 4)

1991: Variocam Nockenwellenverstellung (968)

1995: Reibgeschweißtes Alumumium-Hohlspeichenrad

1997: Porsche Stability Management (PSM) verhindert Schleudern

2002: Porsche Ceramic Composite Brake (PCCB) setzt völlig neue Maßstäbe

2002: Cayenne Turbo: schnellster Geländewagen der Welt mit 266 Stundenkilometer

2003: Porsche Ceramic Composite Clutch (PCCC) als erste Keramik-Kupplung

2003: Erstmals Carbon-Faser-verstärkter Kunstoff (CFK)-Aggregateträger im Carrera GT

Kapitel 5
Audi – Vorsprung durch Technik

> »Audi, Seat und Lamborghini wer-
> den in fünf Jahren ein homogenes
> Gebilde sein – mit Audi als Premi-
> umhersteller und Leitmarke.«
>
> Martin Winterkorn, Vorstands-
> vorsitzender, Audi AG

Audi tritt aus dem Windschatten

Für Martin Winterkorn, seit April 2002 Vorstandsvorsitzender von Audi, steht am 9. September 2003 die erste IAA-Präsentation als Audi-Chef an. »Wiko«, wie Martin Winterkorn intern bei Audi genannt wird, empfängt die Presse, den Rundfunk und das Fernsehen auf dem Messestand mit der neuen Studie des Audi Sportwagens Le Mans quattro, der als Showcar die Käuferakzeptanz auf der IAA testen soll. Der Le Mans quattro ist ein auf dem Lamborghini Gallardo basierendes Modell, das den Kollegen von BMW aus München den Schweiß auf die Stirn treiben soll.

Die Le Mans quattro-Studie ist preislich unter dem kleineren Lamborghini Gallardo angesiedelt, denn in diesem Segment hat BMW im Augenblick nichts Adäquates anzubieten. Mit geplanten rund 5 000 Einheiten pro Jahr soll der neue Audi Le Mans quattro für Kunden der Spitzenversionen des Porsche 911 und des Mercedes-Benz SL eine echte Alternative darstellen. Neben den geringeren Kosten durch die enge Zusammenarbeit mit der Tochter Lamborghini ist besonders der Imagegewinn ein wichtiger Punkt, um Audi wieder ein Stück weiter auf der Premiummarken-Leiter aufsteigen zu lassen. Eins ist klar: das Auto wird voll von Innovationen sein, denn das ist durch Audis Leitspruch »Vorsprung durch Technik« schon seit drei Jahrzehnten Programm.

So antwortet Martin Winterkorn dann auch auf Fernsehreporteranfragen zum Audi Le Mans quattro: »So ein Auto zu bauen ist ein faszinierendes Ziel, und es ist noch viel toller, darin zu fahren! Dieser Le Mans quattro ist die dritte Audi-Konzeptstudie in diesem Jahr – und er ist nicht nur die Fortsetzung dieser kleinen und feinen Serie. Er ist die logische Fortsetzung der sportlichen Ambitionen, die die Marke mit den vier Ringen immer geprägt haben.«

Damit belässt es Winterkorn nicht, sondern weist auf die Innovationen der Autostudie des neuen Audi Le Mans quattro: »Das ganze Auto ist ein hochdynamischer Technologieträger. Vielleicht nur ein paar Stichworte: wir haben eine hochfeste Aluminiumkarosserie, einen FSI-Biturbomotor mit 610 PS, die wir per quattro-Antrieb auf die Straße bringen. Wir haben ein automatisiertes Getriebe, Hochleistungsbremsen aus Keramik, wir haben Nanotechnologie eingesetzt und vieles mehr.«

Sichtlich stolz präsentiert Winterkorn nicht nur das Sportauto, sondern auch Vertreter des FC Bayern München. Er erklärt dem »Kaiser« Franz Beckenbauer vor laufenden Kameras den Le Mans quattro. Dass Audi den Münchner Traditionsverein mit Autos sponsert, ist eine klare Kampfansage an BMW. Dann gibt er noch hier und da verschiedenen Fernsehsendern ein Interview auf der von einem Glaszaun abgeschirmten Präsentationsfläche. Das ist gut für die TV-Sender, aber ärgerlich für den Rest der Presse, der draußen bleiben muss und nur wenig mitbekommt.

Die Designstudie des Audi Le Mans quattro ist vom neuen italienischen Audi-Chefdesigner Walter da Silva entworfen worden, der sich bereits durch den neuen Stil bei Alfa Romeo einen Namen gemacht hatte. Allerdings ist es auch nicht einfach gewesen, da Silva auf die Audi-Linie einzuschwören. Ihm musste ab und zu klar gemacht werden, was bei seinen historischen Anlehnungen ein Erfolg beziehungsweise ein Flop war. Außerdem wollte man Audi auch nicht zu italienisch wirken lassen. Winterkorns Vorgänger, Franz-Josef Paefgen, hat sich lange gegen Piëchs Wunsch gewehrt, da Silva einzustellen, da Paefgen wusste, dass das schlichte funktionale und rationale Audi-Design das war, was die Kunden von Audi verlangten. Aber Piëch wollte mehr, wollte ein schärferes Profil, wollte näher an das dynamische Design von BMW heran, was aber nicht jedermanns Sache ist, besonders nicht die vieler Audi-Kunden – und auf die ist Audi angewiesen.

Abb. 5-1 2002 gewinnt der Audi R8 FSI das 24-Stunden-Rennen von Le Mans in Folge

Der Name Le Mans quattro ist klug gewählt, weil er auf die drei aufeinander folgenden Audi-Siege in Le Mans verweist. Der unter Paefgen entwickelte Audi R8 FSI ist beim Le Mans-24 Stunden-Rennen in Frankreich regelmäßig der Spitzenreiter gewesen (siehe Abbildung 5-1). Allerdings gibt es schon einen »Dauer 965 Le Mans«, den ersten für den Straßenverkehr zugelassenen Sportwagen, der auf einem von Porsche gebauten Rennwagen basiert und über 400 Stundenkilometer erreichen kann – genauer gesagt 404 Stundenkilometer. Aber mit genügend Geld lässt sich bekanntlich über alles reden – auch über Namensrechte.

Martin Winterkorn war bereits zuvor für Audi tätig, bevor er über den Weg des VW-Entwicklungsvorstands in Wolfsburg erneut zu Audi nach Ingolstadt zurückkehrte. Ein Kollege aus jener Zeit ist Franz-Josef Paefgen, den Winterkorn nun als Audi-Chef beerbt hat. Paefgen ist von Audi zu Bentley gewechselt, um bei der englischen VW-Tochter aufzuräumen. 2003 gewinnt er in Le Mans für Bentley die Trophäe und bekommt die Koordination des Motorsports in der VW Group übertragen. Nur weil Ferdinand Piëch als ehemaliger VW-Chef und jetziger Aufsichtsratvorsitzender eine andere Meinung hat, wie man Audi lenken und das Audi-Design aussehen soll, heißt das noch nicht, dass Piëch auf gute Leute verzichten oder sie gar der Konkurrenz überlassen würde. Bentley braucht einen erfahrenen Mann wie Paefgen mit Benzin im Blut, denn die legendäre Luxusmarke muss wieder Premium werden, um auf die angepeilte Stückzahl von 10 000 Einheiten pro Jahr zu kommen.

Paefgens letzter großer Auftritt

Ende Februar 2002 gibt Franz-Joseph Paefgen auf der Audi-Jahrespressekonferenz zum letzten Mal die Zahlen bekannt, die Audi unter seiner Führung erwirtschaftet hat. Audi hat 2001, trotz negativer Marktentwicklungen, bei allen wichtigen Kenngrößen weiter zugelegt und Paefgen ist in seinem Element: »Wie Sie wahrscheinlich wissen, ist dies meine letzte Jahrespressekonferenz unter dem Zeichen der vier Ringe. Nach 22 Jahren Dienstzeit bei Audi, davon fünf Jahre an der Spitze des Unternehmens, werde ich ab morgen meine neuen Funktionen im Volkswagen-Konzern übernehmen.« Paefgen hat Audi erfolgreich als Premiummarke etabliert und nun wartet Bentley darauf, von einer Luxusmarke wieder zu einer innovativen Premiummarke geführt zu werden.

Seinem Wechsel vorausgegangen war eine immer stärkere Auseinandersetzung mit der Konzernführung der VW-Gruppe, also mit Ferdinand Piëch, über die zukünftige Ausrichtung der Premiummarke Audi. Paefgen weiß, dass er den Machtkampf nicht gewinnen kann. Er will ihn aber hinauszögern, um sich so lange wie möglich für die Interessen der Premiummarke Audi einsetzen zu können. Der Unabhängigkeitskampf von Audi gegen die Konzernmutter Volkswagen ist so alt wie die Geschichte der Marke Audi unter VW.

Paefgen balanciert auf dem schmalen Grat zwischen Unabhängigkeit und Illoyalität, indem er ungerührt unverschämt gute Zahlen präsentiert, und das nun schon seit Jahren: »Die 726 000 Auslieferungen der Marke Audi liegen 11 Prozent über dem entsprechenden Wert für 2000.« Die Stetigkeit des Erfolgs in den letzten Jahren erklärt Paefgen wie folgt: »Die drei wichtigsten Gründe für den Erfolg von Audi in den letzten Jahren lauten: Erstens ein technisch und qualitativ hochwertiges Produktangebot, zweitens die hohe Innovationskraft der Marke und schließlich als drittes die ästhetische Gestaltung unserer Fahrzeuge. Als wichtigsten Baustein unseres Erfolgs haben wir auch im vergangenen Jahr unsere Produkt-palette konsequent erneuert und ausgeweitet.«

Dann geht Paefgen auf die großen Innovationen der Premium-marke Audi ein, die die gesamte Autoindustrie geprägt haben: »Quattro, TDI und Aluminium-Leichtbau waren Innovationen, die bei ihrer Markteinführung von manchen belächelt wurden, später aber von vielen nachempfunden wurde.« Heute jedoch lacht keiner mehr, die Konkurrenz hat meist zähneknirschend nachziehen müssen.

Nach dem Ende der Rede setzt sich Paefgen in das neue Audi A4 Cabriolet und wird von einem Blitzlichtgewitter überschüttet. Die Jahrespressekonferenz und eine wichtige Ära der Audi-Geschichte sind vorbei, aber es sind auch alle wichtige Weichen für eine weitere erfolgreiche Zukunft von Audi im neuen Jahrtausend gestellt.

Die Geschichte der vier Ringe

Was genau sind die entscheidenden Innovationen, die Audi zu einer Premiummarke gemacht haben, und woher kommt Audi?

Die vier Ringe, die nach *Die Geschichte der Audi Markenzeichen* ursprünglich ineinander geschmiedet waren, stehen symbolisch für die Gründung der Marke Audi, deren Entstehung letztlich auf einen Streit zurückzuführen ist. 1909 verlässt August Horch die A. Horch & Cie. Automobilwerke im Streit und gründet die August Horch Automobilwerke GmbH. Die Verwendung des gleichen Namens wird ihm gerichtlich durch erstere untersagt, doch der Sohn eines seiner Mitarbeiter kommt auf die Idee, dass der Ausruf »horch!« auf lateinisch »audi!« heißt und so benennt August Horch seine neue Firma 1910 in Audi Automobilwerke GmbH um. Der Schriftzug der Audi-Marke hat sich von 1920 bis heute kaum verändert. Bis 1923 wurde noch das Emblem einer Weltkugel mit einer Eins auf dem Nordpol verwendet, was den Führungsanspruch im Markt für Nobel-limousinen symbolisieren sollte.

1928 geht Audi in DKW und dann in der Auto Union auf. Die Auto Union AG wird 1932 in den Nachwehen der Weltwirtschaftkrise rückwirkend zum 1. November 1931 gegründet, zuerst mit Sitz in Zwickau und ab 1936 in Chemnitz. Die vier Marken, die in der Auto

Union unter dem Symbol der vier Ringe fusioniert werden, sind Wanderer (gegründet 1885), Horch (gegründet 1899), DKW (gegründet 1902) und Audi (gegründet 1909). Die Aktienmehrheit befindet sich interessanterweise bei der Sächsischen Staatsbank, die als Helfer einspringen muss. Wie im Fall Porsche sichert eine nicht-private Bank das Überleben der Auto Union und damit von Audi.

1934 lässt die Auto Union die vier ineinander verschlungenen Ringe als Markenzeichen schützen, ohne jegliche Hinzufügung von Namen oder Zeichen. Die Inspiration zu dem Markenzeichen kommt von den Olympischen Spielen, die fünf Ringe als Wahrzeichen haben. Mit der Gründung der Auto Union entsteht 1933 in Zschopau auch die Abteilung zum Bau von Rennsportwagen. Zuvor ist hier schon die DKW Motorrad Rennsportabteilung etabliert worden, die auch beeindruckende Erfolge einfuhr, oft in Konkurrenz zu BMW.

Die 16-Zylinder-Rennwagen der Auto Union haben zum ersten Mal den Motor hinter dem Fahrer angeordnet, so wie die noch heute aktuelle Konzeption des Mittelmotor-Sportwagens. 1934 fährt Hans Stuck mit dem brandneuen Sportauto auf der Berliner Avus Rennstrecke auf Anhieb einen Weltrekord und erringt im folgenden Jahr

Abb. 5-2 Die Auto Union Silberpfeile haben von 1934 bis 1937 zahlreiche Rennsiege eingefahren: von 54 Rennen werden 32 gewonnen und 15 Weltrekorde aufgestellt

den Sieg beim Großen Preis von Deutschland. Bis zum Jahr 1937, als die 16-Zylinder 560 PS hervorbringen, hat die Auto Union an 54 Rennen teilgenommen, 32 davon gewonnen und 15 Weltrekorde aufgestellt – das sind überzeugende Fakten einer Premiummarke pur (siehe Abbildung 5-2).

Nach dem Zweiten Weltkrieg wird die Auto Union aus dem Osten Deutschlands flüchtend in Ingolstadt ansässig. Erst finanziert durch den Schweizer Importeur Ernst Göhner und das Kölner Bankhaus Sal Oppenheim jr. & Cie., steigt 1954 Friedrich Flick bei der Auto Union ein. 1957 und 1958 werden durch Flick die restlichen Inhaber mehr oder weniger freiwillig ausgekauft – direkt und indirekt durch die Daimler-Benz AG, an der Flick mit 38 Prozent beteiligt ist. Die Audi AG wird heute noch an den deutschen Wertpapierbörsen gehandelt, doch befinden sich nur etwa 1 Prozent des gesamten Grundkapitals im Umlauf.

Mit bahnbrechenden Innovationen zur Premiummarke

Als Geburtsjahr der heutigen Audi AG ist das Jahr 1969 anzusehen, in dem die Audi NSU Auto Union AG als Tochtergesellschaft der Volkswagen AG in Wolfsburg gegründet wird. Auch die zu VW gehörende NSU AG in Neckarsulm wird 1969 mit der Auto Union verschmolzen. Von 1964 bis 1966 hat VW schrittweise die Auto Union-Anteile von Mercedes-Benz übernommen, auf Initiative von Friedrich Flick, der Großaktionär bei Daimler-Benz ist. Mercedes-Benz hat ursprünglich einen Viersitzer mit einem 1,7 Liter-Motor entwickelt, der dann im September 1965 der Öffentlichkeit als erster Audi unter Mercedes-Benz und VW vorgestellt wird. Ab 1966 betreibt die Auto Union Fabriken in Spanien, während das Werk in Düsseldorf unter der Leitung von Mercedes-Benz bleibt. Die Fabrik Ingolstadt geht in den Besitz von VW. Dort wird von 1965 bis 1969 der Käfer gebaut, der den Standort sichert.

Das Namensrecht an Horch, das auch zur Auto Union gehört, hat Mercedes-Benz behalten, um die Konkurrenz einer Luxusmarke auch in Zukunft unter VW ausschalten zu können, denn Horch hatte in den zwanziger Jahren das Luxusautosegment in Deutschland dominiert.

Das Ziel für VW liegt klar auf der Hand: Audi soll für VW das Marktsegment der Oberklasse erobern, so jedenfalls berichtet es *Das Rad der Zeit – die Geschichte der Audi AG.* So wird schon im August 1969 mit dem Bau eines Technischen Entwicklungszentrums in Ingolstadt begonnen, wo das Zentrum der Audi Produktion angesiedelt ist.

Im Januar 1971 erscheint zum ersten Mal eine doppelseitige Zeitungsanzeige von Audi mit dem neuen Logo, das die berühmten vier Ringe zeigt, die seit 1932 bei der Auto Union für die vier Marken Wanderer, Horch, DKW und Audi stehen. »Vorsprung durch Technik« ist Audis neuer Leitspruch, der bis heute Gültigkeit behalten hat.

Als Audi 1969 eine eigene Marke im VW-Verbund wird, bekommt der ehemaligen Mercedes-Konstrukteur Ludwig Kraus die Leitung der Entwicklung als Technischer Geschäftführer übertragen. Denn wer sollte es besser wissen als ein Mercedes-Mann, wie man Oberklassenautos baut? Zur gleichen Zeit verliert Ferdinand Piëch seinen Job als Entwicklungschef bei Porsche, da die Besitzer-Familien Porsche und Piëch beschließen, dass kein Familienmitglied mehr im Management sein darf. So kommt es, dass Piëch am 1. August 1972 bei der Audi NSU Auto Union AG als Hauptabteilungsleiter in der Technischen Entwicklung unter Ludwig Kraus antritt. Audi bekommt also die Gene von Mercedes und von Porsche eingepflanzt – eine exzellente Mischung, wie sich später herausstellen sollte.

Das erste neue Audi-Modell, das noch von Mercedes-Benz entwickelt wird, hat keinen Namen. Der aber findet sich schnell. Man nimmt einfach die PS Zahl: Audi 72 mit 1,7 Liter Motor. 1966 heißt der zweite Audi wegen seiner 80 PS Audi 80 und so soll die Modellreihe fortgesetzt werden. Der damalige Technische Direktor Ludwig Kraus plant den Audi 100, der aufgrund seiner stromlinienförmigen Karosserie schneller als die vergleichbaren Konkurrenzmodelle ist. Da VW keine Produktentwicklungshoheit für Audi vorsieht, entwickelt die Tochtergesellschaft einfach geheim an der Mutter vorbei – sogar erfolgreich, denn VW genehmigt später das von Audi entwickelte Modell. Der neue Mittelklassewagen Audi 100 verkauft sich nicht nur, wie geplant, 300 000 Mal, sondern 800 000 Einheiten, und ebnet damit Audi den Weg in die obere Mittelklasse.

1976 wird mit dem neuen Audi 100 der Schritt in die gehobene Mittelklasse gemacht. Audi bietet vorerst weiterhin Autos in den unteren Klassen an, so zum Beispiel den kleinen Audi 50, der bis 1978 noch in Wolfsburg produziert wird. Da aber Audi eigentlich das obere Marktsegment für VW bedienen soll, wird der Audi 50 1979 durch den VW Polo abgelöst.

Das Topmodell des Audi 100 wird dann mit einem 2,2 Liter 5-Zylinder-Reihenmotor mit 136 PS ausgestattet. Damit weicht Audi zum ersten Mal in der Namensgebung seiner Modelle davon ab, die Autos nach der jeweiligen PS-Zahl zu nennen. Das Konstruktionsprinzip des 5-Zylinder-Reihenmotors für den Audi 100 hat Ferdinand Piëch noch aus seiner Zeit bei Porsche mitgebracht, als Porsche einen Entwicklungsauftrag für Mercedes-Benz durchgeführt hatte. 1979 wagt sich Audi mit dem Typ 200 – einem mit zusätzlichem Chromschmuck und Turbolader aufgewerteten 100 – zaghaft in die automobile Oberklasse.

Obwohl bei Audi kleinere Innovationen die Entwicklung begleitet haben, ist bis zum dem Zeitpunkt noch kein großer Wurf gelungen, um eine wirklich innovative Premiummarke zu werden. Der Umstand jedoch, dass Audi den VW Iltis Geländewagen für die Bundeswehr entwickelt und ab 1978 in Ingolstadt baut, ändert dies.

Eine der entscheidenden technischen Innovationen von Audi ist die Entwicklung eines kompakten und leichtgewichtigen permanenten Allradantriebes, der erstmals beim Iltis-Geländewagen für die Bundeswehr Anwendung findet. Zu einer wirklich bahnbrechenden Innovation wird diese technische Entwicklung aber erst, als Audi das fahrdynamische Potenzial des Konzepts versteht und es in eine sportliche Coupé-Karrosserie einbaut. Das Ergebnis, der Audi Quattro, ist eine echte »Rakete« und allen vergleichbaren Fahrzeugen uneinholbar überlegen, da die Kraftübertragung permanent über alle vier Räder erfolgt.

1980 wird der Audi Quattro auf dem Genfer Automobilsalon der breiten Öffentlichkeit vorgestellt. Es ist der erste Pkw mit einem permanenten Allradantrieb, dessen zentrales Verteilergetriebe durch eine Hohlwelle elegant mit der Vorderachse verbunden ist – eine echte Premium-Innovation (siehe Abbildung 5-3).

Abb. 5-3 Der Audi Quattro mit Hohlwelle beweist mit einer Reihe von Rallye-Siegen seine klare Überlegenheit – ein exzellentes Premiummarketing

Die Geschichte der Innovationen der Marke Audi

Ferdinand Piëch, seit 1974 Leiter der Technischen Entwicklung und seit 1975 Vorstand für Technische Entwicklung bei Audi, hat sich ohne VWs Wissen sehr für den Allradantrieb eingesetzt, denn schon sein Großvater Ferdinand Porsche präsentierte im Jahr 1900 auf der Pariser Weltausstellung ein Fahrzeug mit vier angetriebenen Rädern. Diejenigen, die von dem Vorteil eines permanenten Allradantriebs noch nicht überzeugt waren, wurden durch die zahlreichen beeindruckenden Rallye-Erfolgen Walter Röhrls mit dem Audi Quattro schnell bekehrt. Auch der Name Quattro, der für den Vierradantrieb steht, konnte als Markenname sicher nicht besser gewählt sein.

Nach und nach werden alle anderen Audi Modelle mit dem Quattro-Antrieb ausgestattet. 1982 kommt zuerst der 80 Quattro auf den Markt, dann folgen 1984 der 100 Quattro und der 200 Quattro. Wegen des großen Erfolgs des Audi Quattro-Antriebs sehen sich die anderen Premiummarken auch gezwungen, den Allradantrieb als Option anzubieten. Keiner der Wettbewerber versteht es aber wie Audi, den Allradantrieb vom ideologischen Ballast des »Praktischen« zu befreien und als entscheidenden Zugewinn für Fahrdynamik und aktive Sicherheit zu positionieren.

Dann kommt 1983 der nächste Knüller unter Piëch als Entwicklungschef. Audi stellte mit einem Luftwiderstandsbeiwert von 0,30 beim Audi 100 einen neuen Rekord für Serienlimousinen auf. Damit ist der Audi 100 die aerodynamisch günstigste Serienlimousine der Welt (siehe Abbildung 5-4). Der Ro 80, von der NSU AG produziert, die 1969 mit der Auto Union und somit auch mit Audi verschmolzen wurde, hatte zwar auch schon eine windschnittige Figur gemacht, aber diesen Wert nicht erreicht. Anfangs wegen seiner Plastikstoßfänger von der Premiumkonkurrenz wie BMW als »Plastikbomber« verlacht, wird der Audi 100 mit zunehmendem Erfolg immer ernster genommen. Auch kann sich heute wegen der besseren Verbrauchswerte der Berücksichtigung der Aerodynamik im Design keiner mehr verschließen.

Doch damit nicht genug. Piëch hatte bei Porsche den Vorteil einer vollverzinkten Karosserie als Rostschutz kennengelernt und bringt sie jetzt bei Audi zum Einsatz. 1985 wird die vollverzinkte Karosserie beim Audi 100 und Audi 200 eingeführt. Ein Jahr später folgt die Einführung beim Audi 80. Es bleibt festzuhalten, dass Audi hiermit ein ganz klarer Vorreiter in seinen Segmenten ist. Um zusätzlich den Nutzen einer vollverzinkten Karosserie zu verdeutlichen, gibt Audi

Abb. 5-4 Der Audi 100 mit Luftwiderstandsbeiwert 0,30 cw ist 1983 die aerodynamisch günstigste Serienlimousine der Welt und dadurch auch sehr effizient im Verbrauch

eine 10-jährige Garantie gegen das Durchrosten. Diese Garantie hat natürlich einen exzellenten Werbeeffekt auf dem Weg zu einer Premiummarke, sodass die Konkurrenz wieder einmal das Nachsehen hatte.

1989 folgt mit dem TDI-Motor ein weiterer Schlag gegen die Konkurrenz. TDI steht für Turbo Diesel Injektion, also eine bis dahin einmalige Ansammlung von Hochtechnologie in einem Großserienmotor, die Hochdruck-Direkteinspritzung und Turboaufladung vereinigt. Diese neuen Diesel-Motoren sind stärker in ihrer Leistung als die bisherigen Dieselmotoren und dadurch schneller im Fahrverhalten, gleichzeitig aber auch sparsamer im Verbrauch. Trotzdem sollte es noch einer weiteren Produktgeneration und weiterer bahnberechender Innovationen bedürfen, bis der Dieselmotor auch im Oberklassesegment akzeptiert wurde.

Der Turbo ist interessanterweise ursprünglich eine Entwicklung von Porsche gewesen, die ihn erstmals 1974 vorgestellt haben. Doch Porsche setzt keine »langweiligen« Dieselmotoren in seine Sportwagen ein, zumal diese sowieso zu schwer für die schnellen Sportautos sind. Bei Audi jedoch hat man diesbezüglich keine Berührungsängste, sondern es gilt, Audi noch sparsamer zu machen und zu beweisen, dass sich schnelles Fahren und Sparsamkeit nicht ausschließen müssen. So wird auf der IAA 1989 nach 13-jähriger Entwicklungszeit der erste Audi 100 TDI vorgestellt. Bei einem Volumenhersteller hätte aus Kostengründen eine so langjährige Entwicklung nie zu Ende geführt werden können. Die Innovation TDI ist für Audi ein hart erkämpfter Meilenstein auf dem Weg zur Premiummarke und ein langer Weg gewesen. Eine kundennutzenorientierte Innovation, wie der TDI-Motor sie darstellt, in ihrer Entwicklungszeit mehr als zehn Jahre zu finanzieren – das kommt nur bei Premiummarken vor, aber der Erfolg durch diesen Innovationsvorsprung zahlt sich für Audi auf dem Weg zur Premiummarke aus!

Nachdem dann auch noch ein nur leicht modifizierter Audi 100 TDI mit einer einzigen Tankfüllung durch halb Europa 4 818 Kilometer weit fahren konnte, ist es nicht nur den Kunden, sondern auch der Konkurrenz klar, dass es kein Zurück gibt. Heutzutage haben Mercedes-Benz und BMW schon längst nachgezogen. Porsche aber lehnt aus Kosten- und Gewichtsgründen den Diesel weiterhin ab –

allerdings ist ein Geländewagen von Porsche ja auch bis zum neuen Cayenne nicht vorstellbar gewesen.

Neben der Aerodynamik und der Motoreneffizienz gibt es noch einen dritten Ansatzpunkt, über den man den Benzinverbrauch drosseln kann: das Gewicht. Aluminium stellt eine interessante Alternative zu Stahl dar. In Zusammenarbeit mit dem amerikanischen Aluminium Produzenten Alcoa hat man die Konzeptstudie Aluminium Space Frame (ASF) entwickelt, die 1993 auf der IAA in Frankfurt präsentiert wird.

Um ein Drittel des Gewichts gegenüber Stahl einzusparen, machen Design und Verarbeitung von Aluminium eine völlig neue Fertigungstechnologie notwendig. Es kommt zu Dutzenden von neuen Patentanmeldungen, die die innovative Leistung der von Audi entwickelten Aluminium-Karosserie unterstreichen. Der daraus abgeleitete Audi A8 wird 1994 der breiten Öffentlichkeit vorgestellt. Die Werbung für den Audi A8 mit dem Mondfahrzeug, das auch aus leichtem Aluminium bestand, zeigt potenziellen Kunden klar den Wettbewerbsvorteil auf. Heutzutage hat sich der Audi A8 als fester Wettbewerber zur Mercedes-Benz S-Klasse und der BMW 7er-Reihe etabliert, was auch durch die Tests in Autozeitschriften bestätigt wird (siehe Abbildung 5-5).

Abb. 5-5 Der Audi A8 hat sich in der neuesten Version als ernst zu nehmender Konkurrent zu der Mercedes-Benz S-Klasse und der BMW 7er-Reihe dank seiner Innovationen etabliert

Aus einem Stolpern einen Hüpfer machen: der Audi TT

Nicht immer läuft im Leben alles glatt und wir wissen, dass wir auch manchmal Fehler machen – nur wer nichts macht, kann keine Fehler machen. Aber nichts Neues zu wagen, ist der Tod einer jeden Premiummarke, die von Innovationen lebt.

1998 gibt Audi nach Studien des TT Cabrio und Coupé, die beide in der Presse gefeiert werden, die Freigabe zur Produktion. Allerdings ist das Auto von Steyr-Daimler-Puch Fahrzeugtechnik entwickelt worden, die weniger Erfahrung mit Sportfahrzeugen haben als mit Geländefahrzeugen. Hinzu kommt, dass Designer J Mays sich weniger um die Gesetze der Aerodynamik gekümmert hat, als es notwendig gewesen wäre, und keinen Spoiler akzeptiert hat, um sein puristisches TT Design nicht zu verunstalten. Außerdem hatte Audi seinen wertvollen Testfahrer Walter Röhrl an Porsche verloren.

Kurzum, an manchen Stellen auf Deutschlands Autobahnen sind bei hoher Geschwindigkeit die Straßenhaftung und die Kurvenlage des TTs nicht einwandfrei, da ein Spoiler für den Anpressdruck fehlt. Die konvexe Oberfläche des Kofferraumdeckels bildet eine klassische Strömungsfläche, die bei höheren Geschwindigkeiten das Fahrzeugheck buchstäblich zum »Fliegen« bringt. Erschwerend kommt hinzu, dass der TT auf der Plattform des Golf IV aufbaut, die aufgrund ihres spezifischen Verhältnisses von Radstand zu Spurweite zum Aufschwingen und Ausbrechen neigt.

Nachdem die Diskussionen um tödliche Unfälle in den Medien zunimmt, sieht sich Paefgen gezwungen, die Situation zu retten und den TT kostenlos mit einem zusätzlichen Spoiler und ESP nachzurüsten (siehe Abbildung 5-6). In der Operation Phoenix werden 40 000 Audi TTs auf den neuesten Stand der Technik gebracht. Paefgen allerdings ist durch die zögerliche Reaktion in seiner Funktion als Audi-Chef angeschlagen, auch wenn die Entwicklung des TTs schon lange vor seiner Amtszeit als Audi-Chef begonnen hat.

Neben allen anderen großen Erfolgen, die Paefgen zu verbuchen hat, gibt es zwei Modelle, die nicht erfolgreich genug gewesen sind, um langfristig zu überleben. Die Rede ist vom Audi A2, der für seine Klasse zu teuer geriet, allerdings auch ein verfehltes Marketing hatte. Mit 50 000 Einheiten liegt das Auto zwar im Erwartungsbereich, aber man hatte doch noch wesentlich größere Absatzmengen erhofft.

Abb. 5-6 Der Audi TT ist nach anfänglichen Startschwierigkeiten ein voller Erfolg sowohl vom Absatz als auch vom Image her

Trotzdem hat die erste Massenproduktion eines kleinen Aluminium-Autos wieder einmal die Führungsposition von Audi unter Beweis gestellt und einen großen Wissensvorsprung generiert. Ab 2005 wird der Audi TT den A2 in Neckarsulm in der Produktion ablösen, und das als ein völlig neues, höher positioniertes Fahrzeug mit einer Aluminiumkarosserie, dank der Erfahrungen vom A2.

Das andere Modell, das zwar gut aufgenommen, aber nur in geringer Stückzahl verkauft wurde, ist der Audi Allroad, der eine geländegängige Version des Audi A6 Avant darstellt. Der Allroad hat nur eine Stückzahl von 20 000 Einheiten pro Jahr erreicht, was, trotz geringer Entwicklungskosten, in keiner Relation zu dem Werbeaufwand steht. Allerdings wurde mit der Entwicklung der Luftfederung des Allroad ein Grundstein für die neue Luftfederung im neuen Audi A8 geschaffen, der dann als Quattro in Tests oftmals den Platzhirsch BMW 7er in Fahrdynamik schlägt und beispielsweise bei Fahrten im Schnee die Bodenfreiheit erhöhen kann – eine echte Innovation im Oberklassensegment.

Ohne gutes Premiummarketing
keine Premiummarke

Als 1988 Ferdinand Piëch zum Vorstandsvorsitzenden der Audi AG ernannt wird, ist eine seiner ersten Handlungen, eigene Audi-Zentren zu etablieren, die den eigenständigen Auftritt der Marke einleiten, um Audi von VW abzunabeln. Der klar abgegrenzte Marktauftritt wird in Deutschland und im Ausland konsequent vollzogen.

Die Situation bei Audi verbessert sich weiter, als Ex-Audi-Chef Ferdinand Piëch zum VW-Konzernchef wird: »Die Selbständigkeit in Marketing und Vertrieb hatten wir noch unter Leiding verloren, und unser Vertriebsvorstand Schönbeck war mit einem guten Dutzend Spitzenverkäufern zu BMW gegangen. Audi blieb dann 18 Jahre ohne einen eigenen Vertrieb, und meine erste Tat als VW-Konzernchef im Januar 1993 sollte die Wiederherstellung der eigenen Vertriebshoheit für Audi sein.«

Seit 1997 wird unter Paefgen den Audi-Zentren ein neues Corporate Design verpasst, das mit viel Glas und Metall eine leicht futuristische Eleganz versprüht. Jedes neue Audi-Zentrum wird in diesem Design gestaltet, um den Premiumanspruch der Marke Audi besser zu kommunizieren.

Seit April 1991 gibt es bei Audi in Ingolstadt eine eigene Marketingabteilung und mithilfe der deutschen Werbeagentur Jung-von-Matt wird auch die Marke Audi konsequent auf Premium getrimmt. So lautet beispielsweise der Werbeslogan für den Audi Avant: »Schöne Wege heißen Alleen, schöne Gärten heißen Parks, schöne Kombis heißen Avant.« Die Werbemaßnahmen dienen dem Image der Marke Audi und sind so erfolgreich, dass sich BMW dazu entscheidet, Jung-von-Matt abzuwerben.

Beim Golfsponsoring allerdings folgte Audi BMWs Spuren und sponsert den einstigen Elitesport, der sich immer größerer Popularität erfreut. Darüber hinaus wird der Reitsport und der Skisport gesponsert und seit 1995 auch die Salzburger Festspiele – sicherlich alles gute Gelegenheiten, um den Premiumcharakter zur Schau zu stellen.

Neben der Rallye-Teilnahme seit Mitte der achtziger Jahre, die den Vorteil der Premiuminnovation des Vierradantriebs Quattro darstellen, wird Anfang 2000 begonnen, beim 24-Stunden-Rennen von

Le Mans mitzufahren. Dieses Mal müssen die Audi R8 FSI die Vorteile eines sparsamen Benziners demonstrieren: der FSI ist der Benzin-Direkteinspritzmotor, der aufgrund seiner (zugegeben relativen) Sparsamkeit Audi einen Vorteil bei der Anzahl der Tankstopps verschafft, und so einen souveränen Doppelsieg in drei aufeinander folgenden Jahren ermöglicht. Da das Reglement der 24-Heures de Le Mans den Ausschluss eines Teams nach drei aufeinander folgenden Siegen erzwingt, wird die überlegene R8-Flotte an Bentley weitergereicht, die nach Neulackierung und leichten Modifikationen auch wieder das nächste Rennen 2003 für sich entscheiden können.

Der Erfolg hat viele Väter

Für den neuen Audi-Chef Martin Winterkorn ist klar, was seine Mannschaft zum Erfolg braucht: »Begeisterung, Selbstbewusstsein und die Bereitschaft, alte, ausgetretene Pfade zu verlassen und neue zu beschreiten, das ist es, was ich meiner Mannschaft mitgeben möchte.« Es stellt sich die Frage, was genau die Faktoren sind, die Audi so erfolgreich zu einer Premiummarke gemacht haben.

Wie so oft hat der Erfolg viele Väter. Der Kern des Erfolgs ist sicherlich die Entscheidung von VW gewesen, eine Marke aufzubauen, die sich oberhalb der VW-Modelle positionieren soll – allerdings natürlich unter der Aufsicht von VW. Der Slogan »Vorsprung durch Technik« ist dabei ein exzellenter Leitgedanke, der die Unternehmenskultur stark prägt. So ist es selbstverständlich, dass man wichtige Innovationen nur realisieren kann, wenn man diese erst einmal bis zur überzeugenden Demonstration vor der Mutter verbirgt. Dieses innovative Streben, unabhängig von der Konzernmutter, wurde unter Ludwig Kraus (mit Mercedes-Benz Know-how) eingeführt und von Ferdinand Piëch (mit Porsche Know-how) bis zur höchsten Vollendung gebracht.

Der Audi Quattro demonstriert klar, dass eine wichtige Innovation einer Premiummarke auch authentisches und überzeugendes Premium-Marketing braucht, sodass die breite Öffentlichkeit von der Innovation überzeugt wird. Die Rallye-Erfolge sind damals das Marketing gewesen, das Audi gebraucht hat, um den Allradantrieb zum anerkannten Antriebssystem zu machen. Dieses sind gleich zwei wichtige Charakteristika einer Premiummarke: eine bahnbrechende technische Innovation, die dann von einem überzeugenden Marketing den Kunden nahe gebracht wird.

Piëch hat bei Audi sogar oft konkurrierende Parallelentwicklungen vorangetrieben, um zu sehen, welche Lösung die bessere ist. Nach der Schlanken Produktionstheorie wäre dieses Vorgehen eine Ressourcenverschwendung, aber für einen hoch innovativen Premiumhersteller ist es eine lebensnotwendige Art und Weise, durch interne Konkurrenz Innovationen zu fördern.

Nachdem Piëch selbst VW-Chef geworden ist, schlagen zwei Herzen in seiner Brust. Die Opposition aus Ingolstadt, zu seiner Zeit noch als strategische Notwendigkeit gepredigt, wird nun mit aller Kraft niedergehalten und die schnelle Abfolge der Audi-Chefs nach Ferdinand Piëch mit Franz-Josef Kortüm, Herbert Demel und Franz-Josef Paefgen zeigen das Dilemma. Es spitzt sich besonders Ende der neunziger Jahre zu, als er VW mit dem Phaeton in die Oberklasse führen will. »Audianer« fühlen sich nicht wohl bei dem Gedanken, dass VW in ihrem angestammten Marktsegment Fuß fassen will, auch wenn Piëch hoch und heilig verspricht, dass Audi gegen BMW und VW gegen Mercedes-Benz aufgestellt werden würde.

Sicher wird Winterkorn, der neue Audi-Chef, versuchen, diese Vorgabe auszuführen – was aber, wenn die treuen Audi-Kunden gar kein dynamisches, weil unruhiges, Design á la BMW haben wollen, sondern mit der klassischen funktionalen Linie sehr zufrieden sind? Denn auch wenn Audi eine Premiummarke geworden ist, wird der Vorderradantrieb bei Audi immer dem Hinterradantrieb bei BMW fahrdynamisch unterlegen sein, außer mit einem Quattro Vierradantrieb – da kann auch kein noch so dynamisches Design etwas ändern. Auch zeigt die Reihenfolge der letzten Studien von Audis neuem Chefdesigner Walter da Silva, dass er sich gemäß der starken Audi-Unternehmenskultur dem klassischen, elegant-funktionalen Design von Audi wieder annähert. Solange Audi sich so erfolgreich entwickelt wie bisher, sollte man die erfolgreiche Strategie nicht nur aus Prinzip ändern. Es ist schwer genug, einmal eine gute Kombination der Premiummarken DIS-Matrix, die wir in Kapitel 7 erläutern, zu finden – die Erfolgsformel zu ändern wäre leichtfertig.

Die wichtigsten Innovationen von Audi

1980: Quattro: permanenter Vierradantrieb mit Hohlwelle
setzt Standard in der Traktion

1983: Stromlinienkarosserie: C_W-Wert des Audi 100 von 0,30
ist Serienautoweltrekord

1989: Erster Turbodiesel mit Direkteinspritzung weltweit:
Turbo Diesel Injektion (TDI)

1993: Erste Großserien-Limousine aus Aluminium: Aluminium Space Frame (ASF)

1994: Erster Einsatz der 5-Ventil-Technik im Serien-Motoren-
bau

1994: Vierlenker-Vorderachse: Lenkung im A4 annähernd frei
von Antriebseinflüssen

1999: Multitronic: ruckfreies, automatisches, stufenloses
Getriebe mit Stahl-Laschenkette

2001: Erster Großserien Aluminiumkleinwagen mit
3 Liter/100 km (A2)

2003: Direktschaltgetriebe (DSG) mit elektrohydraulischer
Doppelkupplung ohne Schaltpause

2004: Erster Dieselmotor mit piezoelektrischer Einspritzung
im A6 weltweit

Kapitel 6
Kooperation, Konkurrenz und
Wahrnehmung der Premium-Automarken

Sowohl die Kooperationen als auch die Konkurrenz der vier deutschen Premiummarken sind schon immer ausgeprägt gewesen, sodass sich ein formelles und informelles Netzwerk herausgebildet hat. Neben den regelmäßigen Treffen der Top-Manager tragen auch die Kontakte auf der Mitarbeiterebene, beispielsweise bei Messen, Konferenzen und Fachtagungen zu einer Vernetzung der Unternehmen bei.

Kooperationen der Premium-Automarken

In den dreißiger Jahren hat Mercedes Autos für BMW produziert, als die Kapazitäten nicht ausgelastet waren. Porsche hat für Mercedes-Benz Motoren entwickelt und Audi hat den Porsche 924 für Porsche produziert. Der 924 war ursprünglich von Porsche für Audi entwickelt worden, doch dann hat Porsche das Auto wieder zurückgekauft. Um in der schwierigen Zeit Anfang der neunziger Jahre zu überleben, hat Porsche den 500 E für Mercedes-Benz entwickeln und produzieren dürfen.

BMW hat Bleche für Porsche gepresst, bis sich Porsche-Chef Wiedeking beklagte, dass BMW Subventionen für neue Fabriken beantragt hatte. Allerdings erhält auch Porsche indirekt Subventionen durch Valmet, die in Finnland den Boxster montieren, und durch VW, die für Porsche den Geländewagen Cayenne in der slowakischen Hauptstadt Bratislava vorfertigen. Die Endmontage des Cayenne erfolgt dann bei Porsche selbst, seit 2002 in der neuen Fabrik am Standort Leipzig.

Interessanterweise finden Kooperationen nicht nur zwischen den einzelnen Automobilmarken statt, sondern es arbeiten auch mehrere Premiumhersteller zusammen, wenn es Größeres zu bewältigen gilt. So haben sich nach einigen schmerzhaften Erfahrungen mit der immer komplexer werdenden Elektronik BMW, Mercedes-Benz und Audi in der neuen Vereinigung AUTOSAR (AUTomotive Open System ARchitecture) zusammengetan, um mit Zulieferern wie Bosch, Continental und Siemens gemeinsame Standards für die Bordelektronik festzulegen, um diese stabiler und zuverlässiger zu machen.

Heißt das, dass in der deutschen Automobilindustrie die »Deutschland AG« voll funktioniert und keiner dem anderen weh-tun will? – Im Gegenteil, die Konkurrenz zwischen den Premium-Automarken ist extrem hart. Doch wer sich dieser heimischen Konkurrenz nicht stellt, hat erst recht keine Chance, im internationalen Wettbewerb um die Kunden zu bestehen.

Konkurrierende Modellvarianten

Die in der Automobilindustrie weltweit verbreitete Klassifizierung des Prognose-Unternehmens Global Insight Automotive Group (ehemals DRI) unterteilt den Weltmarkt der Automobile in ver-schiedene Segmente, die man auch als Klassen bezeichnen kann. Die bei den meisten Autoherstellern, Zulieferern, Investmentbankern und Strategieberatern bekannte »Global Segmentation« ist in der Abbildung 6-1 schematisch daran angelehnt. Um zu analysieren, welche Automodelle um welche Kundengruppen konkurrieren, wird hauptsächlich auf die preisliche und konzeptionelle Positionierung eines Modells zurückgegriffen.

Mithilfe des in der Abbildung 6-1 dargestellten Klassifizierungs-systems werden die unterschiedlichen Modellvarianten der vier deut-schen Premium-Automarken gegenübergestellt und damit ver-gleichbar gemacht. Der Klarheit wegen wird dabei auf eigenständige Marken wie Lamborghini (Audi), Maybach (Mercedes) und Rolls-Royce (BMW) verzichtet, da es hier um die Betrachtung der reinen Premiummarken Audi, BMW, Mercedes-Benz und Porsche geht.

Segment	Audi	BMW	Mercedes-Benz	Porsche
F-Sport	Le Mans*	Z10?**	SLR	Carrera GT
E2-Sport	Nuvolari*	6er-Reihe	SL	911er
E1-Sport	TT	Z4	SLK	Boxster
E-SUV	Pikes Peak*	X5	M-Klasse	Cayenne
E2-Segment	A8 (Avant*)	7er-Reihe	S-Klasse	E2 Coupé***
E1-Segment	A6	5er-Reihe	E-Klasse	-
D-Segment	A4	3er-Reihe	C-Klasse	-
C-Segment	A3/A2	1er-Reihe	A-Klasse	-
A/B-Segment	(Seat)	(Mini)	(Smart)	-

* = 2005-7, ** = ab 2006, *** = ab 2009

Abb. 6-1 Die Modellvarianten in verschiedenen Segmenten zeigen, dass keine der Premium-Automarken in dem von Volumenherstellern dominierten A/B-Segment vertreten sind

Autos der einsamen Spitzenklasse

Mit dem *F-Sport-Segment*, also dem Sport-Segment in der Super-Luxus-Klasse, fängt die Klassifizierung ganz »oben« an. Hier werden sportliche Automobile mit einem Basispreis von über 100 000 Euro zusammengefasst. Bis vor kurzem hatte von den vier deutschen Premium-Automarken lediglich BMW mit dem Z8 ein Auto in dieser Klasse anzubieten, das allerdings im Sommer 2003 eingestellt wurde, da es die Verkaufserwartung nicht erfüllte.

Nun hoffen alle BMW-Bewunderer und -Käufer natürlich auf einen Nachfolger des Z8, und trotz des Dementi des Vorstands gibt es einen hohen Konkurrenzdruck, sodass es 2006 einen Nachfolger als Z10 geben könnte. Sollte der Z10 auf den Markt kommen, wird er nicht nur besser, sondern auch wesentlich teurer als der Z8 werden. Die jahrelange Formel-1- Erfahrung von BMW und ein fertiger 10-Zylinder-Motor sprechen dafür, dieses Spitzenmodell zu bauen. Es ist außerdem schwer vorstellbar, dass sich BMW nicht der Premium-Konkurrenz stellen wird.

Und die Konkurrenz kämpft jetzt schon beinhart um den Spitzenplatz. Bei einem inoffiziellen Rennen der Entwicklungsabteilungen hat der Mercedes-Benz SLR McLaren den Porsche Carrera GT, beides Kronen der Automobilbaukunst, im Jahr 2002 geschlagen. Porsche ließ die Schmach nicht lange auf sich sitzen und bohrte den 5,5 Liter-Motor auf 5,7 Liter auf, um damit die ursprünglich angekündigte Spitzenleistung von 580 auf 620 PS zu erhöhen. Das Resultat wurde dann auf dem Genfer Automobilsalon im Frühjahr 2003 präsentiert.

Allerdings hatte Porsche die Rechnung ohne den Wirt gemacht, nämlich ohne AMG. AMG ist die hauseigene Individualisierungs-Firma von Mercedes-Benz, die den Motor für den SLR entwickelt hatte und nun bauen sollte. Mercedes-Benz und McLaren nahmen den Fehdehandschuh von Porsche auf und gaben keine Freigabe, bevor der SLR mit erhöhten Leistungsdaten aufwarten konnte. Kurzerhand wurde der Starttermin des SLR um ein halbes Jahr verschoben, was auch der Prozesssicherheit im komplizierten Produktionsprozess des Carbon-Chassis zugute kam. Letztendlich behielt Mercedes mit dem SLR die Nase vorn: mit einer Höchstgeschwindigkeit von 334 Stundenkilometer wurde der SLR ganze 4 Stundenkilometer schneller homologiert als der Porsche Carrera GT.

Und wie steht BMW da, die nun gar nichts mehr im Segment der Sportautos über 100 000 Euro anzubieten haben, seit der Z8 im Sommer eingestellt wurde? Man borgt sich einfach einige Ingenieure aus dem Lager der Formel-1, um – hoffentlich – einen Z10 zu bauen, der die Konkurrenz in den Schatten stellt. Schließlich hat BMW ja Erfahrung mit dem Bau schneller Autos. Anfang 1990 wurde der Rennwagen McLaren F1 gebaut, der mit einem BMW 12-Zylinder-Motor schon damals 370 Stundenkilometer fuhr – also ganze 36 Stundenkilometer schneller als der Mercedes SLR heute! Kein Wunder, dass der McLaren F1 noch heute, zehn Jahre nach seinem Debüt, als der Maßstab in der Industrie angesehen wird.

Was Audi angeht, so gehört seit einigen Jahren die italienische Rennwagenfirma Lamborghini dazu. Somit sind die Rennwagen Murcielago und Gallardo über die Marke Lamborghini Teil der großen Audi-Familie. Das hat dazu geführt, dass der Gallardo dem neuen Audi Le Mans quattro (siehe Abbildung 6-2) die Plattform stellen wird, das heißt, dass das gesamte Chassis (Unterbau) des Gal-

Kooperation, Konkurrenz und Wahrnehmung
der Premium-Automarken

Abb. 6-2 Der Audi Le Mans quattro, hier noch als Studie, wird ab 2007 Audi in das Super-Luxus-Sport-Segment bringen, mit einem positiven Abstrahleffekt auf die Premiummarke Audi

lardo für die Produktion des Le Mans zur Verfügung gestellt wird. Ohnehin wird die komplette Karrosserie des Gallardo bereits bei Thyssen-Krupp in Neckarsulm, in unmittelbarer Nachbarschaft zum dortigen Audi-Werk, gefertigt. Möglicherweise wird Audi mit etwa 5000 geplanten Einheiten des Le Mans quattro pro Jahr zum ersten Mal BMW in der Super-Luxus-Klasse übertrumpfen können – der Konkurrenzdruck, der auf BMW lastet, ist jedenfalls groß.

Segmentierung der Modelle der deutschen Premiummarken

Im *E2-Sport-Segment*, dem Luxus-Sport-Segment, ist Audi der einzige Autohersteller unter den vier Premiummarken, der dort augenblicklich kein Modell anbietet. Das soll sich aber mit der geplanten Einführung des Audi Nuvolari 2005/2007 ändern, ein auf dem A4 basiertes Coupé. BMW hat auf der IAA 2003 die neue 6er-Reihe präsentiert. Doch die eigentlichen Führungsmodelle in diesem Segment sind der SL von Mercedes-Benz und der Porsche 911 (siehe Abbil-

Abb. 6-3 Der Porsche 911 hat seit vierzig Jahren seinen festen Platz in der Automobilhierarchie

dung 6-3), an deren Erfolg BMW mit der 6er-Reihe anzuknüpfen hofft. Allerdings sind sowohl der SL als auch der 911 Autos, die seit Jahrzehnten ihren festen Platz in der Automobilhierarchie haben und daher nur schwer von neuen Konkurrenzmodellen überholt werden können.

Im *E1-Sport-Segment*, also dem Oberklassen-Sport-Segment, tummeln sich mit dem Audi TT, dem BMW Z4, dem Mercedes SLK und dem Porsche Boxster nur etablierte Automarken. Historisch gesehen sind diese Modelle interessanterweise jünger als man auf den ersten Blick denken würde, denn alle vier Modelle gab es vor der großen Krise und Rezession 1992/1993 noch nicht. Sie sind also ein Beispiel dafür, dass sich die Innovationsfähigkeit der Premiummarken sogar in schlechten Zeiten verbessern kann.

Alle vier E1-Sport-Segment-Modelle haben eine Gemeinsamkeit: sie teilen sich mit anderen Modellen der gleichen Premiummarke eine Plattform. Die Plattformstrategie wurde erst Anfang der neunziger Jahre in Deutschland hoffähig gemacht, davor wurde sie nur in Japan verbreitet angewandt. Der BMW Z4 (siehe Abbildung 6-4), eine Höherpositionierung gegenüber dem Vorgängermodell Z3, teilt sich die Plattform mit der BMW 3er-Reihe.

Der SLK mit seinem Stahldach, das der wesentlich teurere SL erst einen Produktzyklus später übernehmen konnte, basiert auf der

Abb. 6-4 BMW Z4 teilt sich die Plattform mit der BMW 3er-Reihe, damit er kosten-günstiger entwickelt und produziert werden kann

Plattform der C-Klasse, der Boxster teilt sich die Plattform mit dem 911 und der TT hat die gleiche Plattform wie der Audi A3. Alle diese Modelle könnten nicht angeboten werden, wenn die Plattform-Strategie nicht die Entwicklungs- und Produktionskosten dramatisch gesenkt hätte.

Das *E-SUV-Segment* bezeichnet die in den letzten Jahren rapide gewachsene Anzahl von Geländewagen, die in der Luxusklasse angeboten werden. Der Hauptgrund für die massive Zunahme des Produktangebots ist, dass sich die Verkäufe für Geländewagen in den USA in den vergangenen zehn Jahren von einer auf vier Millionen Einheiten pro Jahr mehr als vervierfacht haben. Ein Grund für die wachsende Popularität des Segments ist neben der steuerlichen Vergünstigung auch in der zunehmenden Beliebtheit der Geländewagen bei Frauen zu sehen, da die großen und hohen Fahrzeuge ein Gefühl von Sicherheit und Überlegenheit vermitteln. Als selbstverstärkender Effekt wirkt wiederum das Angebot an neuen Geländewagen, die zu mehr als 90 Prozent nur auf der Straße gefahren werden.

Im E-SUV-Segment sollte sich die M-Klasse von Mercedes-Benz eigentlich die Fabrik mit Porsche in den USA teilen, doch es kam anders. BMW produziert seit 1999 seinen X5 in den USA, der sich Komponenten mit dem Range Rover von Land Rover teilt. Die Entwicklung des X5 war eine eigene, höchst dramatische Geschichte, die ihre wirkliche Eigendynamik erst nach dem Verkauf von Land Rover an Ford erhielt – vorher war man in der BMW-Group der Ansicht, keine eigene SUV-Baureihe auflegen zu müssen. Der Porsche Cayenne kommt aus Leipzig, allerdings wird die Karosserie in der Slowakei fertiggestellt. Und Audi bringt ab 2005 die Studie Pikes Peak, die nach einem amerikanischen Bergrennen benannt ist, bei dem Walter Röhrl mit einem Quattro die Konkurrenz mehrfach deklassierte, aus dem gleichen Werk, aus dem die Karosserie des Porsche Cayenne stammt – aus Bratislava in der Slowakei.

Das *E2-Segment*, also das Luxus-Segment, kann man auch als das S-Klassen-Segment bezeichnen. Es wird klar von der Mercedes-Benz S-Klasse dominiert (siehe Abbildung 6-5), die – einschließlich dem Coupé CL – in bis zu 100 000 Einheiten pro Jahr produziert und verkauft wird.

BMW kommt mit seiner neuen 7er-Reihe dank der guten Exporte in Spitzenzeiten auf stattliche 60 000 Einheiten, während Audi hofft, mit dem neuen A8 bis zu 25 000 Einheiten abzusetzen. Hilfreich könnte sich hier erweisen, dass Audi den ersten Kombi in dem E2-

Abb. 6-5 Das E2-Segment, also das Luxus-Segment, wird klar von der Mercedes-Benz S-Klasse dominiert

Segment anbieten will, zu dem es als Avantissimo schon eine Studie gibt. Audi-Chef Winterkorn hat eine starke Meinung über das *E2-Segment:* »Schauen Sie sich die Autohersteller an, die kein Oberklassenmodell haben? Was ist aus denen geworden? Eine Marke, die da oben aufgibt, verliert.«

2009 ist auch mit einem Markteintritt von Porsche in dieses Segment zu rechnen – der Projektentwicklungscode lautet schon seit längerem E2. Dieses wäre auf alle Fälle ein logischer Schritt, denn die Entwicklungskosten für einen 4-Sitzer von etwa 300 Millionen Euro sind schon vor Jahren abgeschrieben worden. Porsche hatte mit dem Typ 989 einen 4-Sitzer entwickelt, bei dem die Kosten explodierten und obwohl Anfang der neunziger Jahre sogar Prototypen fertiggestellt waren, ist der 4-Sitzer nie in die Serienproduktion gegangen. Doch dieses Mal ist die wahrscheinlichste Lösung, dass die Entwicklungskosten mit VW geteilt werden, genauer gesagt mit dem zukünftigen VW Phaeton und C1.

Das *E1-Segment,* also das Oberklassen-Segment, wird von der Mercedes-Benz E-Klasse dominiert. Nicht weit dahinter folgt die BMW 5er-Serie. Audi hat sich hier mit dem A6 erfolgreich etabliert, dank der Sparsamkeit seiner TDI-Diesel-Motoren, die dennoch durchzugsstark sind. Porsche ist unterhalb des E2-Segments und damit ab dem E1-Segment nicht mehr mit eigenen Produkten vertreten. Das soll aber nicht heißen, dass es eines Tages nicht auch einen Porsche im E1-Segment geben könnte.

Das *D-Segment,* also das Segment der oberen Mittelklasse, ist volumenmäßig das größte Segment für alle Premiummarken. Daran erkennt man auch ihren Premiumcharakter, denn sie grenzen sich von dem C-Segment, also der »Golf-Klasse«, ab, die von Volumenherstellern dominiert wird. BMW hat im D-Segment die sehr erfolgreiche 3er-Reihe anzubieten, die mittlerweile in Deutschland sogar das nach dem VW Golf meistverkaufte Auto ist. Mercedes hat mit seiner als 190er gestarteten C-Klasse einen großen Aufholerfolg geleistet, während Audi mit dem A4 schon immer im D-Segment vertreten war: der ursprüngliche Audi 80, das zweite Auto der neugeformten Marke, hatte damals genau 80 PS.

Im *C-Segment* zeigen die klassischen Premium-Automarken schon eher Schwächen und sind von einer Dominanz weit entfernt, da sie in dem für sie untypischen Segment erst seit wenigen Jahren vertreten sind. Der Vorstoß von Mercedes-Benz in das C-Segment mit der A-Klasse war wohl der erste große Angriff, der zunächst durch den Elchtest und die nachfolgenden Maßnahmen verzögert wurde. Ob von VW inszeniert, um die Golf-Klasse zu verteidigen oder nicht, sei als Spekulation zur Seite gestellt. Mercedes reagiert mit einer typischen Mercedes-Benz Innovation: das erste Elektronische Stabilitätsprogramm (ESP) im C-Segment. Im Gegensatz dazu war für Audi die Eintrittskarte schon billiger: dem Golf wurde einfach ein Audi-Hut übergezogen und der A3 war geboren. Ab Herbst 2004 ist BMW, nachdem es mit Rover nicht so klappte wie ursprünglich geplant, auch mit einem eigenen Modell im C-Segment vertreten. Die BMW 1er-Reihe wird ihre Premiumstellung im C-Segment dadurch unterstreichen, dass sie als einzige über einen sportlichen Hinterradantrieb verfügt – die Konkurrenz darf sich warm anziehen!

Im *A- und B-Segment* ist keine der Premiummarken selbst vertreten – noch wird dieses Segment den Volumenherstellern überlassen. So hat Mercedes-Benz diese Segmente mit seiner Marke Smart adressiert, die mittlerweile nicht nur von Smart-Händlern, sondern auch von ausgewählten Mercedes-Benz-Händlern vertrieben wird, was ursprünglich so nicht geplant war. BMW hingegen hat schon immer, mit oder ohne Rover, geplant, den neuen Mini ab 2001 bei BMW Händlern zu vertreiben. Der Mini soll auch sukzessive zur vollen Marke mit einem kompletten Produktangebot in den entsprechenden Zielsegmenten ausgebaut werden. Mit der Unterteilung der Volkswagen Gruppe in eine Nord-Gruppe mit den Marken VW, Skoda, Bentley und Bugatti und eine Süd-Gruppe mit den Marken Audi, Seat und Lamborghini ist nun Seat die Marke, die bei Audi für eine Abrundung des Markenportfolios nach unten sorgen soll. In Verbindung dieser Marken wird durch personale Klammern Zusammenarbeit ermöglicht, sprich Audi-Führungskräfte übernehmen auch Verantwortung bei Seat und Lamborghini.

Analyse der Wahrnehmung von Premiummarken in Deutschland

Die Entwicklung der deutschen Automobilindustrie in den letzten zehn Jahren hat bis heute in den aktuellen Markenimages der vier deutschen Premium-Automarken ihre Spuren hinterlassen. Bei diesen vier Automarken hat sich in den letzten zehn Jahren eine Wandlung vollzogen, weg vom unbestimmten Luxus hin zum eigenschaftsorientierten Premium.

Eine Wandlung in Richtung eigenschaftsorientierte Premiummarke bedeutet aber nicht, dass die Bewertung der einzelnen Automarken durch die Kunden allein nach objektiven Kriterien und quantitativen Maßstäben erfolgt, wie es gerne manche Automobilzeitungen darstellen. Vielmehr sind es auch emotionale Komponenten, die in die Bewertung von Markenimages mit einfließen. Diesen emotionalen Komponenten ist ein nicht geringerer Stellenwert als den objektiven Komponenten beizumessen.

Das berücksichtigt auch die Fachzeitschrift *auto motor und sport*, die seit 1990 einmal jährlich eine Befragung unter den Lesern durchführt. Unter dem Titel »Die besten Autos der Welt« werden den Lesern fast 200 neue und aktuelle Automodelle in bestimmten Kategorien zur Wahl vorgestellt. Bemerkenswerterweise ist in jeder Kategorie zunächst die Wahl zum »besten Auto« vorzunehmen, und danach die des »besten Importautos« – ein klares Zeichen für die Bevorzugung der heimischen Automarken. Die weitaus interessanteren Fragestellungen – die auch im Folgenden genauer analysiert werden – verbergen sich auf der Rückseite der Antwortkarte.

Dabei ordnen die Leser zu Aussagen wie »Baut zuverlässige Autos« beliebig viele Markenkennziffern zu. Alle Nennungen werden dann in einem komplexen Verfahren ausgewertet, wobei die Reihenfolge der Markennennungen keine Rolle spielt. Zusätzlich wird auch die Marke des Fahrzeugs erfasst, das der Teilnehmer selbst am häufigsten fährt, und die Daten jeweils nach »Nennungen durch Fahrer der Marke« und »Nennungen aller Teilnehmer« ausgewertet.

Obwohl es sich bei dieser Umfrage mit circa 150 000 Teilnehmern um eine der größten Marktforschungsaktivitäten der Automobilindustrie handelt, deren Ergebnisse auch bei den Herstellern intensiv diskutiert und viel beachtet werden, können die Daten nicht als vollständig repräsentativ gelten, da die Leserschaft von *auto motor und sport* gegenüber dem Durchschnitt des deutschen Pkw-Fahrers einen wesentlich höheren Anteil an Männern (78 Prozent gegenüber 56 Prozent) und jüngeren Altersgruppen unter vierzig Jahre (50 Prozent gegenüber 39 Prozent) aufweist.

Die 13 Imagekriterien sind über statistische Verfahren in die Dimensionen »Emotionales Image« (wie zum Beispiel gutes Aussehen, gute Werbung) und »Qualitäts-Image« (wie zum Beispiel hohe Zuverlässigkeit, gute Verarbeitung) einzuordnen und geben auf diese Weise Einblicke in die Wahrnehmung der jeweiligen Marke. Interessanterweise besteht ein starker Zusammenhang zwischen den Stimmanteilen in der Wahl zum »besten Auto« und den Nennungen in den »Markenprofilen«. Das ist als eine klare Bestätigung dafür zu sehen, dass die Produkte die wichtigsten Träger des Markenimages sind.

In der Abbildung 6-6 sind die beiden Imagedimensionen »Emotion« und »Qualität« als Matrix aufgetragen und geben so einen Eindruck der Markenimages als Anteil von Nennungen der Gesamtheit der jährlich von *auto motor und sport* durchgeführten Leserbefragung.

Wie nicht anders zu erwarten, zeigen die Marken Mercedes-Benz, BMW, Porsche und Audi die ausgeprägtesten Positionierungen, während einerseits Volkswagen und andererseits Alfa Romeo extremere Imagepositionen einnehmen. Die Leserschaft von *auto motor und*

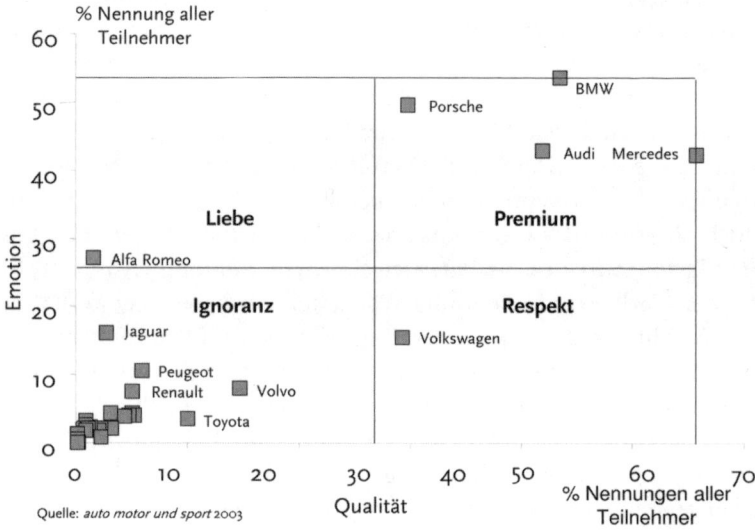

Abb. 6-6 Markenimages in Deutschland nach *auto motor und sport*: die vier deutschen Premium-Automarken liegen mit Abstand bei Emotion und Qualität vorne

sport billigt den vier genannten Premiummarken eine starke Über-einstimmung mit den abgefragten Kriterien zu, während einerseits absolute Luxusmarken wie Rolls-Royce oder Aston Martin, anderer-seits aber auch der Marktführer Volkswagen offensichtlich eine geringere Erfüllung der Premiumkriterien zeigen. Umso bemer-kenswerter ist beispielsweise die herausragende Position von Por-sche, da die Marke einen verschwindend geringen Marktanteil hat, und es sich bei dieser Auswertung um eine quantitative Darstellung handelt. Trotzdem scheinen die Autos von Porsche eine so heraus-ragende Position im Umfeld zu haben, dass auch Fahrer anderer Marken größtenteils eine positive Haltung zu der Marke entwickelt haben. Dies wird umso deutlicher, wenn man die Position von Por-sche mit der von Jaguar vergleicht: trotz ungefähr gleicher Marktan-teile (und damit potenziell ähnlichem Anteil von »Fahrern der Marke«) fällt die englische Marke in der Gesamtheit der Nennungen weit zurück.

Mit relativ geringen, aber in automobilinteressierten Kreisen gerne diskutierten Nuancen zeigen die vier Premiummarken ein ausgewogenes Profil von emotionalen und objektiven Kriterien, wo-bei die Maximalausprägungen beider Dimensionen fast exakt iden-tisch sind. Dies wird die niemals verstummende und bis heute unge-klärte Debatte, ob nun objektive oder subjektive Kriterien in der Entscheidung für ein Auto wichtiger sind, erneut anstacheln.

Audi zeigt von allen Premiummarken das ausgewogenste Profil, was als Stärke der Marke gewertet werden muss, und sicherlich auch ein Resultat der erfolgreichen Positionierungsstrategie über die »Emotionalisierung von Technologie« ist. Porsche zeigt innerhalb der Premiummarken die größte Nähe zum klassischen Luxusimage, doch bietet die Geschichte und Positionierung von Porsche genug Raum, um eventuellen Einschränkungen der Wirksamkeit emotio-naler Aspekte mit objektiven Eigenschaften begegnen zu können. Der Porsche Cayenne ist als Fahrzeugkonzept sicherlich ein Schritt in die richtige, das heißt langfristig tragfähige Richtung, doch sollte in der weiteren Positionierungsentwicklung noch stärker auf die Erfüllung objektiver Kriterien geachtet werden.

Volkswagen besticht durch die objektiven Qualitäten seiner Pro-dukte, ist aber in der Wahrnehmung der *auto, motor und sport*-Leser-schaft noch weit davon entfernt, eine wirkliche Faszination zu entwickeln. Ganz im Gegensatz dazu wird Alfa Romeo eine große Stärke in den emotionalen Kriterien zugebilligt, während generell die objektiven Eigenschaften als eher schwach eingeschätzt werden.

Zu beachten ist die Tatsache, dass die französischen Hersteller Peugeot und Renault eher emotionale Imagestärken haben, während sich Volvo und Toyota über die objektiven Kriterien profilieren. Die Strategien, die emotionalen Imagekomponenten über sportliche Fahrzeuge (Volvo) beziehungsweise Rennsportaktivitäten (Toyota) zu steigern, setzen also an der richtigen Stelle an.

Ein wesentliches Element jeder Markenstrategie muss die Entwicklung von Markentreue bei den jeweiligen Zielgruppen und Kunden sein. Deshalb kommt dem Vergleich des Markenimages im Gesamtmarkt mit dem bei den Fahrern der Marke eine besondere Bedeutung zu, denn der Kauf und die Nutzung eines Fahrzeugs sind immer auch eine soziale Aktivität, die im Umfeld des Fahrers bemerkt und kommentiert wird.

Während bestimmte Fahrertypen auf solche Bestätigung keinen Wert legen, sind es erfahrungsgemäß gerade die imageabhängigen Kundengruppen, die sich vom Prestige- und Aufmerksamkeitsversprechen der Premiummarken verführen lassen, und deshalb besonders empfängliche und wertvolle Kundenpotenziale darstellen. Deshalb ist es nicht verwunderlich, dass ein klarer Zusammenhang zwischen dem von der Gesamtheit wahrgenommenen, und dem von den Fahrern der jeweiligen Marke beanspruchten Image besteht.

Zusätzlich besteht natürlich die Tendenz, eine einmal getroffene Entscheidung für ein bestimmtes Fahrzeug auch nachträglich argumentativ zu hinterlegen und zu rechtfertigen – allein deshalb schon sind die generellen Nennungen durch die jeweiligen Fahrer einer Marke erheblich häufiger als im Gesamtmarkt.

Während die vier klassischen Premiummarken Mercedes-Benz, BMW, Audi und Porsche ein ausgewogenes und höchst ausgeprägtes Verhältnis von »Eigen- und Fremdimage« zeigen, gruppieren sich alle anderen Marken bei einem weit überwiegenden »Eigenimage« ein (siehe Abbildung 6-7).

Eine Ausnahme bildet Volkswagen: allein aufgrund des Verhältnisses von »Eigen- und Fremdimage« könnte man VW zubilligen, eine Premiummarke zu sein, was aber aufgrund des absoluten Ausprägungsniveaus nicht gerechtfertigt ist und angesichts der Markt-

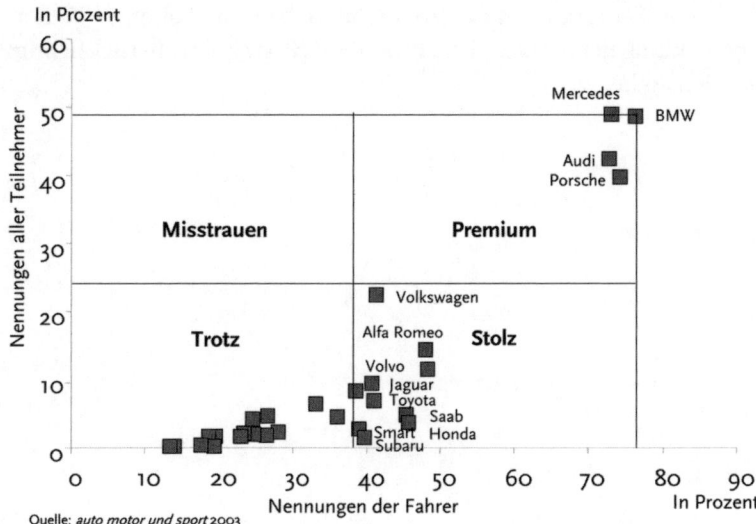

In Prozent

60

50 — Mercedes ■■■ BMW

Nennungen aller Teilnehmer

40 — Audi ■
    Porsche ■

30

Misstrauen   **Premium**

20 — ■ Volkswagen

Trotz   Alfa Romeo ■   **Stolz**

Volvo ■
10 — ■ Jaguar
       Toyota
       ■ Saab
       ■Smart Honda
       Subaru

0

0   10   20   30   40   50   60   70   80   90

Nennungen der Fahrer   In Prozent

Quelle: *auto motor und sport* 2003

Abb. 6-7 Die Markenidentifikation in Deutschland zeigt, dass sowohl bei den Besitzern als auch bei der Gesamtheit der Befragten die vier deutschen Premiummarken führen

bedeutung von VW auch noch einmal unterstrichen wird. Unter den Volumenmarken nimmt VW eine herausgehobene Stellung ein, da die Marke die höchste Konsensfähigkeit zu besitzen scheint.

Während der Käufer oder Fahrer des Fahrzeugs einer Premiummarke mit einer überproportional hohen sozialen Bestätigung seiner Markenentscheidung rechnen kann, muss er als Käufer jeder anderen Marke ein höheres Selbstbewusstsein zeigen. Auffällig ist dabei, dass Marken mit einer anerkannt starken und eingeschworenen Fangemeinde wie Alfa Romeo, Volvo und Saab im Image der Fahrer fast schon von Honda eingeholt worden sind. Offensichtlich ist es Honda gelungen, die Erwartungen der Fahrer so weitgehend zu erfüllen, dass sich innerhalb der Fangemeinde ein hohes Selbstbewusstsein herausbilden konnte. Zusätzlich spricht dieses Bild für die Konsistenz des Markenimages von Honda, die mittelfristig auch ein wesentlicher Bestandteil der Marketingstrategie sein sollte.

Bemerkenswert auch die Imagepositionen von Smart und Subaru: sei es als Trotzreaktion, sei es aus wirklicher Überzeugung, scheinen diese beiden extrem positionierten Nischenmarken eine sehr selbst-

bewusste Fahrergemeinde gebildet zu haben, die bei einer Weiterentwicklung der Marken- und Produktportfolien aktiv berücksichtigt
werden sollte.

Kapitel 7
Die Premiummarken Design-Innovation-Sektor-Matrix (DIS-Matrix)

Bei der Premiummarken Design-Innovation-Sektor-Matrix (DIS-Matrix) werden starke Premiummarken als Marken definiert, die im oberen Bereich einer Produktgruppe, also Segment, positioniert sind, und zwar technologisch, imagemäßig und preislich. Die deutschen Premium-Automarken zeigen, dass eine Premiummarke nur dann dauerhaft Erfolg hat, wenn die Produkte in einer den Kunden wichtigen Dimension immer wieder herausragend sind. Die spezifischen Premiumeigenschaften werden dabei über die Premiummarken DIS-Matrix spezifiziert (siehe Abbildung 7-1).

Bei der Dimension *Design* gilt für alle vier deutschen Premiummarken, dass ihre Kunden ein markenkonformes »German Design« erwarten, das heißt eine Gestaltung wie aus einem Guss. Abwei-

	Design	Innovation	Schnelligkeit*	Premiummarken-Botschaft
Audi	Funktionale Eleganz	Effizienz	Traktion	Technische Innovation
BMW	Sportliche Eleganz	Sportlichkeit	Agilität	Fahrspaß
Mercedes-Benz	Klassische Eleganz	Sicherheit	Komfort	Exklusivität
Porsche	Ikone	High-Speed	Kraft	Sportwagen-Legende

* Sektor-spezifischer Faktor, in der Automobilindustrie: Schnelligkeit (Speed)

© 2004 Philipp Rosengarten und Christoph B. Stürmer

Abb. 7-1 Die Premiummarken DIS-Matrix verdeutlicht, wie sich die vier deutschen Premium-Automarken in den Dimensionen Design, Innovation und Schnelligkeit (Sektor-spezifischer Faktor) unterscheiden

chungen von dieser »German Design« Linie, wie zum Beispiel bei der aktuellen BMW 7er-Reihe, werden nur unter großem Protest hingenommen, weil sie nicht den Erwartungen der Premiumkunden der vier deutschen Premium-Automarken entsprechen.

Die *Innovation* einer Premiummarke muss immer markenauthentisch sein, das heißt mit dem jeweiligen Markenkern und Markentradition vereinbar sein, ansonsten wird sie von den Premiumkunden gar nicht wahrgenommen.

Der *Sektor-spezifische Faktor* ist neben Design und Innovation die dritte Dimension in der Premiummarken DIS-Matrix. Dieser Faktor stellt eine herausragende Differenzierungseigenschaft innerhalb einer Industrie dar. In der Automobilindustrie ist das die Höchstgeschwindigkeit der Fahrzeuge, also Schnelligkeit – beziehungsweise »Speed«. Nun ist es so, dass alle vier Premium-Automarken im Zuge der Produktentwicklung vielfältige Optimierungen bezüglich der technischen Eigenschaften durchführen, aus denen dann die effektive Höchstgeschwindigkeit als Resultat hervorgeht.

Doch es bei dieser Aussage zu belassen, wäre sicherlich zu einfach. Die Optimierung der Höchstgeschwindigkeit mag kein primäres Ziel der Automobilindustrie sein, doch gibt es sekundäre Charakteristika, die zusammen mit der Geschwindigkeit den Autofahrer interessieren. Bei Mercedes-Benz ist das beispielsweise der Komfort. Schnelligkeit allein, wie im Fall Porsche, mag eine Attraktion sein, doch auch die Kombination mit bestem Komfort, um etwa bei hoher Geschwindigkeit über die Autobahn zu gleiten, ist eine nachgefragte Eigenschaft und da ist Mercedes-Benz positioniert.

Intuitiv würde man sagen, dass ein Mercedes im jeweiligen Auto-Segment direkt mit einem BMW oder einem Audi konkurriert. Der Käufer aber hat im Unterbewusstsein eine Präferenz für eine bestimmte Marke beziehungsweise für ein bestimmtes Automodell entwickelt. Mithilfe der Premiummarke DIS-Matrix wird analysiert, in welchen Eigenschaften sich die vier deutschen Premium-Automarken wahrnehmbar voneinander unterscheiden.

Die vier deutschen Premium-Automarken decken diese drei Dimensionen der DIS-Matrix auf eine jeweils einmalige und individuelle Weise kontinuierlich ab. Die effektiven Differenzierungseigenschaften der Marken beziehungsweise ihrer Automodelle liegen demnach nicht in der Vollständigkeit der Abdeckung bestimmter technischer Eigenschaften, sondern in ihrer spezifischen – und eben subjektiven – Ausprägung.

Im Zuge der fortschreitenden Markendifferenzierung werden deshalb die objektiven Eigenschaftsdimensionen immer näher beieinander liegen, während sich die subjektiven Ausprägungen immer schärfer voneinander unterscheiden werden. So sind in den letzten Jahren die Autos von Porsche komfortabler, die von Mercedes sportlicher, die von BMW sicherer und die von Audi schneller geworden.

Außerdem ist es keineswegs so, dass sich die Premiummarken DIS-Matrix-Eigenschaften einer jeden Marke bei allen Kunden so klar positioniert abbilden. Vielmehr konkurrieren die Premiummarken in Kaufentscheidungen miteinander und die Kunden fahren teilweise Modelle verschiedener Premium-Automarken gleichzeitig oder hintereinander. Es kann zum Beispiel vorkommen, dass ein Mercedes-Käufer aufgrund einer zu langen Wartezeit für eine Mercedes-Benz C-Klasse sich statt dessen für einen sofort verfügbaren 3er BMW entscheidet. Oder ein BMW-Kunde schafft sich aufgrund des neuen, progressiven Designs und der komplexen elektronischen Bedienung anstatt des neuen 7er BMW eine Mercedes-Benz S-Klasse oder einen Audi A8 an. Auch kann ein sportlich orientierter Fahrer von einem Audi TT Roadster zu einen BMW Z4 Roadster wechseln, da dieser gerade nagelneu auf dem Markt ist. Oder man fährt mit dem Porsche 911 zum Büro und mit einem 5er BMW zum Kunden.

Während die objektiven Kriterien einer starken Konvergenz und damit klassischer Konkurrenz unterliegen, zielt die Entwicklung der subjektiven Kriterien auf maximale Divergenz und damit auf die Identifikation von langfristigen Alleinstellungsmerkmalen ab, die jede Marke in ihrem jeweiligen Zielsegment einmalig, und damit zu einer Art Quasi-Monopolisten werden lassen.

Die Kultur einer Premiummarke hat starken Einfluss auf die Produkte des Unternehmens und wird selbst durch die Mitarbeiter, die Geschichte und sogar durch die Umgebung geprägt. In die Prägung seitens der Mitarbeiter fließt auch das Wissen und die Erfahrungen mit ein, die diese außerhalb des Unternehmens gewonnen haben. Die eigenständige, starke Kultur einer Premiummarke ist in ihrer Fähigkeit, Impulse zu setzen, nicht zu unterschätzen. Dabei kommt es darauf an, Entscheidungen zu treffen, in denen sich die Werte der Premiummarke glaubhaft widerspiegeln. Beispielsweise muss ein

Mercedes-Benz immer ein hohes Maß an Sicherheit gewähren oder ein BMW immer Agilität verkörpern. Und während ein Porsche schnell sein muss, muss ein Audi immer auf höchste Effizienz ausgelegt sein. Ansonsten werden die Premiummarken unglaubwürdig.

Entscheidend für alle Premiummarken ist, dass sie einen klar definierten Markenkern haben und diesen in einer eindeutigen Premiummarken-Botschaft sowohl nach innen als auch nach außen kommunizieren.

Audi – Technische Innovation

Audi, als heutiges Unternehmen erst 1969 gegründet, auch wenn es Audi als Marke schon seit 1910 gibt, ist die jüngste der vier deutschen Premium-Automarken. Die Produkte und der Auftritt der Marke sind traditionell von funktionaler Eleganz geprägt, weil traditionell beim Audi-Design die Form der Funktion folgt. Das 1983 beim Audi 100 zu sehende Stromliniendesign, beeinflusst durch den NSU Ro 80, prägt das Audi-Design bis heute. Zwar wird das Audi-Design von manchen auch als avantgardistisch, rational oder progressiv aufgefasst, aber es zeigt sich ganz klar, dass der funktionale Aspekt in Verbindung mit Eleganz dominiert. »Jeder Grundzug einer Form, jedes Detail hat seine Bestimmung«, so das offizielle firmeneigene Statement von Audi.

Ferdinand Piëch beschreibt die Designentwicklung bei Audi seit den siebziger Jahren wie folgt: »Die zierlich dünnen Pfosten des ersten Audi 80 von 1972 sahen aus, als könnten sie das Dach nicht tragen.« Er beauftragte den damals jungen Designer Hartmut Warkuss, das Design moderner und kräftiger zu gestalten. »Die zweite Audi 80-Generation war ein Kompromiss zwischen Warkuss und Giugiaro und machte mich noch nicht glücklich, erst der Nachfolger (1986) mit der runden Nase entsprach dem Bild, das ich mir von einem modernen Audi machte.«

Die neuesten Designstudien von Walter da Silva, seit 2002 Chefdesigner von Audi, stellen möglicherweise ein Risiko dar, weil diese von der funktionalen Audi-Linie abweichen, die viele Stammkunden und potenzielle Audi-Käufer favorisieren. Eine starke Abweichung vom bisher so erfolgreichen funktional-eleganten Design bei Autos wie dem A6 oder dem A4 sind als risikoreich zu bewerten, gerade weil diese Hauptumsatzträger von Audi sind. Die Premiummarken DIS-Matrix zeigt die Grenze auf: Audi-Design muss funktional-elegant sein, nicht zu sportlich oder zu klassisch.

Innovation wird bei Audi durch den Leitspruch »Vorsprung durch Technik« zum Motto gemacht und durch das Thema Effizienz bestimmt. Effizienz heißt, dass beispielsweise Energiesparen groß geschrieben wird. Durch Audi-Innovationen sind beste Luftwiderstandsbeiwerte erreicht, der sparsamste Diesel-Motor erfunden und die leichteste Aluminium-Karosserie eingesetzt worden. Auch die Entwicklung des Quattro-Allradantriebs steht ganz unter dem Zeichen, wie man Kraft am effizientesten auf die Straße bringt.

Dass Audi weiterhin auf Effizienz als Innovationsschwerpunkt setzt, hat auch Audi Lenker Martin Winterkorn begriffen: »Die Optimierung in puncto Verbrauch und Emissionen ist eines unser wichtigsten Themen. Leichtbau und Reibungsminimierung sind entscheidende Lösungsansätze im Entwicklungsbereich, denen wir uns bei Audi besonders widmen.«

Der Quattro-Antrieb ist ein Beispiel dafür, wie Audi den Sektorspezifischen Faktor Speed, also Geschwindigkeit, aus der Premiummarken DIS-Matrix umsetzt. Traktion beschreibt die Fähigkeit, die Motorkraft in Antriebsleistung umzusetzen. Der Quattro-Antrieb hat neben dem Vorderradantrieb als erster die Vorteile verbesserter Traktion in höhere Fahrdynamik umgesetzt und Audi konnte damit weit vor allen Wettbewerbern in den Pkw-Segmenten, einschließlich der obersten Preisbereiche, Fuß fassen.

Die drei Dimensionen mit funktionaler Eleganz im Design, Effizienz als treibender Kraft der Innovationen und Traktion als Geschwindigkeitsprinzip führen bei Audi zu der Premiummarken-Botschaft, die als »Technische Innovation« zu bezeichnen ist. Denn seit 1971 ist »Vorsprung durch Technik« das bewährte Motto von Audi. Die Innovationen von Audi haben dazu geführt, dass andere Premiummarken dem Vorbild gefolgt sind und technisch nachzogen. So hat zum Beispiel besonders der Quattro, dessen Hohlwelle zur Kraftübertragung eine technologische Meisterleistung ist, und der Turbodieselmotor mit Hochdruck-Direkteinspritzung (TDI), der mehr als dreizehn Jahre Entwicklungszeit beanspruchte, die Premiumkonkurrenz überzeugt.

Die Konkurrenz nahm es dann zum Anlass, eigene Interpretationen der von Audi präsentierten Innovationen ins Leben zu rufen. Beispiele hierfür sind der als 4matic bekannte Vierradantrieb bei Mercedes-Benz, der eindeutig als sicherheitsförderndes Traktionssystem ausgeprägt ist, sowie der schlichtweg als X bezeichnete Vierradantrieb bei BMW, der zunächst nur dazu diente, die Reichweite der »Freude am Fahren« zu erweitern, während die jüngste Evolutionsstufe, der xDrive, auch die Agilität des Fahrzeugs auf »normalen« Straßen verbessert. Damit zeigt sich wieder die beschriebene technologische Konvergenz, während gleichzeitig eine positionierungsseitige Divergenz angestrebt wird.

BMW – Fahrspaß

Das Design von BMW ist seit Jahrzehnten als sportlich-elegant zu bezeichnen, wobei sich die jeweiligen Stilanklänge von italienisch in den sechziger und siebziger Jahren zu englisch in den achtziger Jahren jeweils graduell verschoben haben. Die Formen- und Proportionensprache eines BMW strahlt aufgrund des traditionell kurzen vorderen Überhangs bei gleichzeitig langem Radstand schon im Stehen eine sportliche Dynamik wie keine andere Premium-Automarke aus.

Das heißt aber nicht, dass eine innovative Premiummarke wie BMW diese Sportlichkeit im Design nicht noch zu erweitern versucht, wie etwa bei der 7er-Reihe, was aber einen eher schweren und massigen Eindruck hervorgerufen hat. Das Interessante dabei ist, dass gerade der deutsche Kunde als Korrektiv eingreift, quasi als externe Unternehmenskultur, und BMW wieder auf den Weg des sportlich-eleganten Designs zurückführt, wie der neue Z4 Roadster, die neue 5er-Limousine, das neue 6er-Coupé und -Cabrio und auch der X3-Geländewagen zeigen. Im Augenblick wird die Designvorgabe sportlich-elegant im Sinne eines an den Kubismus angelehnten Stylings interpretiert, was den neuen BMW-Modellen einen unverwechselbaren aber auch kontroversen Charakter gibt.

In puncto Innovation, die bei BMW auf die Unterstützung der Sportlichkeit abzielt, kann man sagen, dass die sich ständig verbessernde Sportlichkeit »erfahren« werden muss und weniger eine patentierbare Neuerung darstellt. Sportlichkeit ist ein Synonym für BMW, denn BMW ist verkörperte Sportlichkeit, bei einem exzellenten Beschleunigungs- und Kurvenverhalten der Limousinen – das müssen alle anderen Premium- und Volumen-Autohersteller neidvoll zugeben.

Die neue 5er-Reihe, die im Sommer 2003 eingeführt wurde, hat mit ihrer neuen aktiven Frontlenkung einen neuen Standard für sportliches Fahren der Limousinen in ihrer Klasse gesetzt, denn bei hoher Geschwindigkeit werden die Lenkbewegungen noch präziser übertragen. Schon die klassische Zahnstangenlenkung von BMW hatte wegen ihres präzisen Lenkverhaltens die Konkurrenz geschlagen. Dabei ist die wesentliche Idee der Lenkung gar nicht in der verwendeten Technologie zu suchen, sondern in dem neuartigen Konzept, eine klassische durchgängige Lenkmechanik mit einem elektronischen Stellglied zu ergänzen. Dieses geniale und einfache Konzept schließt die Lücke zwischen den unflexiblen vollmechanischen Systemen der Vergangenheit, und den gesetzgeberisch und technisch noch nicht realisierbaren Drive-by-Wire-Systemen.

Die in der Premiummarken DIS-Matrix durch Sportlichkeit gekennzeichnete Innovationsdimension ist bei BMW auch historisch begründet. Durch den starken Einfluss aus dem BMW-Motorradbereich, der in der Vergangenheit sogar wichtiger war als der Autobereich, hatte BMW mit den Motorrädern zahlreiche Erfahrungen an sportlichem Fahrverhalten sammeln können. Diese prägen noch heute die Autoentwicklung stark positiv, und es ist unerheblich, ob sich die Mitarbeiter dieser historischen Wurzeln bewusst sind, da Sportlichkeit ein dominanter Teil der Unternehmenskultur ist.

Die dritte Dimension der Premiummarken DIS-Matrix »Speed« wird bei BMW in Form von Agilität umgesetzt. Kraftvolle Beschleunigung durch hubraumstarke Motoren und gutes Kurvenverhalten durch ein sportliches Fahrwerk machen bei BMW den Fahrspaß aus, der auch durch die Premiummarken-Botschaft: »Freude am Fahren« kommuniziert wird. Zur Unterstützung des Eindrucks einer jederzeit verfügbaren Motorleistung hat BMW als erster Automobilhersteller mit progressiver Gaspedalauslegung experimentiert, und die Innovation des elektronischen Gaspedals mit der Einführung der Einspritztechnologie begeistert aufgenommen. Die progressive Auslegung hat es ermöglicht, dass kleine Bewegungen des Gaspedals zu überproportionaler Leistungsabgabe des Motors führen, und so der Eindruck höherer Reaktionsfähigkeit hervorgerufen wird.

Die konsequente Ausrichtung der Zielsetzung auf kraftvolle Beschleunigung hat bei BMW auch zu dem Entschluss geführt, die Abgasturbolader-Technik abzulehnen, denn bei Abgasturboladern werden im unteren Drehzahlbereich die Gaspedalbewegungen nur verzögert wirksam. Zwar wird der BMW-Motor durch seine sportliche Auslegung stärker beansprucht, aber dafür bekommt der Kunde das vermittelt, was er im Sinne der Premiummarken-Botschaft haben will: »Fahrspaß«.

Mercedes-Benz – Exklusivität

Mercedes-Benz, seit 1886 die älteste Premiummarke im Quartett der deutschen Automobilhersteller, hat traditionell ein klassisch-elegantes Design, das jeweils zeitgemäß interpretiert wird. Zu jedem Zeitpunkt der Mercedes-Benz-Geschichte, insbesondere aber in den letzten zwanzig Jahren, hat Mercedes-Benz mit seinen Ober- und Mittelklassemodellen immer den Zeitgeist aufgegriffen und in ein klassisch-elegantes Design umgesetzt. Dabei spielt auch die Qualitätsanmutung im Design eine zentrale Rolle, denn ein Mercedes-Benz soll Sicherheit und Geborgenheit ausstrahlen.

Die zweite Dimension in der Premiummarken DIS-Matrix ist die Innovation. Bei Mercedes ist der Innovations-Fokus ganz klar auf Sicherheitsaspekte ausgerichtet. Das Streben nach umfassender Sicherheit treibt Mercedes-Benz zu Höchstleistungen an wie keine andere Automobilmarke. Die Liste von Innovationen auf dem Gebiet der Sicherheit ist beinahe endlos: die erste Fahrgastsicherheitszelle mit Knautschzonen vorne und hinten im Jahr 1952, die erste Sicherheitslenksäule 1976, das erste Anti-Blockier-System (ABS) 1978, der erste Airbag 1981, das erste elektronische Stabilitätsprogramm (ESP) 1995 und Distronic 1999, dem ersten Abstandsregeltempomaten.

Die Innovationen auf dem Gebiet der Sicherheit schließen nicht aus, dass Mercedes-Benz auch sportliche Autos bauen kann, wie beispielsweise den SL Roadster, der schon seit Jahrzehnten über verschiedene Modellreihen gebaut wird. Nur hat der SL Roadster einen Sicherheitsstandard, an den kein anderes Konkurrenzmodell heranreicht. Ausgestattet mit einem Überrollbügel, der nur bei einem Unfall aktiviert wird, verfügt der SL Roadster über eine von vielen innovativen Sicherheitskomponenten.

Bezüglich der dritten Dimension in der Premiummarken DIS-Matrix, der Geschwindigkeit als Sektor-spezifischen Faktor, spielt bei Mercedes-Benz der Komfort die Hauptrolle. Besonders die Federung ist bei einem Mercedes auf Komfort ausgelegt, sodass selbst bei hoher Geschwindigkeit der Wagen möglichst stoßfrei fährt.

Mercedes-Chef Jürgen Hubbert fasst die Werte der Marke Mercedes-Benz wie folgt zusammen: »An erster Stelle stehen die klassischen Werte wie Sicherheit, Innovationsführerschaft, Exklusivität und Komfort. Dies sind die Kernwerte unserer Marke.«

Traditionell ist Mercedes in der Vergangenheit ein Repräsentationsauto gewesen. Staatsoberhäupter, Politiker, Top-Manager fuhren alle gerne Mercedes beziehungsweise ließen sich in einem Mercedes-Benz chauffieren. Die Wurzeln der Marke liegen, wie die von Porsche, im Luxusbereich, was die Etablierung als Premiummarke erheblich vereinfacht hat. Bis zum heutigen Tage ist das Image von Mercedes-Benz mit Exklusivität verbunden. Doch wie hat sich dieses Markenimage bis zum heutigen Tage weiterentwickelt?

Es ist festzustellen, dass ein Mercedes in seiner Größenklasse immer etwas teurer ist als die Konkurrenz, denn Sicherheit und Qualität haben ihren Preis. Außerdem hat Mercedes-Benz erkannt, dass neben dem sichtbaren Luxus der Autos auch immer technische Eigenschaften in den Vordergrund zu rücken sind, ganz im Sinne der Premiummarken-Botschaft »Exklusivität«.

Porsche – Sportwagen-Legende

Das sportliche Design von Porsche hat einen ikonenartigen Status erreicht. Um den Wiedererkennungseffekt zu garantieren, muss ein Porsche als solcher sofort erkennbar sein. Dieses gilt insbesondere bei der 911-Baureihe, die das klassische Porsche-Design repräsentiert. Für die Qualität des 911-Designs spricht auch, dass es sich bei der Grundform um eine aerodynamische Idealform handelt, die bereits in den frühen zwanziger Jahren von naturwissenschaftlichen Forschern entwickelt wurde.

Das Design eines Porsche ist damit das Resultat einer technischen Notwendigkeit, nicht eines arbiträren Stylings – und verkörpert damit auf unnachahmliche Weise den Begriff Premium. Bei Porsche wird das Thema Design sogar bis zum Sound ausgelegt. Ein Porsche muss den typischen Porsche-Sound haben und der Motor dementsprechend klingen. Um diesen Motorklang sicherzustellen, haben die Ingenieure den Sound, den der luftgekühlte Motor erzeugte, auch bei dem wassergekühlten Motor generiert. Denn bis 1995 favorisierte Porsche die Luftkühlung, da sie ursprünglich eine Gewichtseinsparung bedeutete. Heute arbeiten allein 50 Porsche Mitarbeiter nur an dem kernigen Sound neuer Porsche Modelle.

Die zweite Dimension der Premiummarken DIS-Matrix, Innovation, bedeutet bei Porsche Höchstgeschwindigkeit oder High-Speed. Eigentlich gilt ein Gentlemen's Agreement über die inoffizielle Höchstgeschwindigkeit zwischen den deutschen Automobilherstellern. Bei 250 Stundenkilometer werden alle Serienautos von BMW, Mercedes und Audi elektronisch abgeriegelt, aber nicht so bei Porsche. Der Porsche 911 Turbo Cabrio mit seinen 305 Stundenkilometer Höchstgeschwindigkeit sollte das schnellste Cabrio der Welt werden und der Cayenne Turbo wurde als schnellster Geländewagen der Welt mit einer Höchstgeschwindigkeit von 266 Stundenkilometern zugelassen.

Außerdem muss bei Porsche jede Neuauflage schneller sein als das Vorgängermodell. Nicht nur der Porsche-Kunde verlangt das, sondern auch die starke Unternehmenskultur von Porsche. Technische Innovationen sind bei Porsche dadurch gekennzeichnet, dass sie primär dazu dienen, die Höchstgeschwindigkeit zu steigern. Eine der größten technologischen Innovation von Porsche ist die Erfindung des Abgasturboladers gewesen. Der Turbo, so die Abkürzung für Abgasturbolader, verwendet den durch die Abgase erzeugten Druck dazu, zusätzliche Frischluft in die Verbrennungsräume der Zylinder zu pumpen, wo durch den Luftüberschuss eine deutliche Leistungssteigerung erzielt wird. Wenn man bedenkt, dass der herkömmliche Motor die Frischluft nur ansaugt, ist der Turbo als beachtliche Innovation zu sehen.

Kraft ist der Sektor-spezifische Faktor bei Porsche und damit die dritte Dimension in der Premiummarken DIS-Matrix. Da Porsche bisher immer eine reine Sportwagenschmiede war und anders als die anderen Premium-Automarken nie Limousinen gebaut hat, verfügt ein Porsche im Durchschnitt über stärkere Motoren als die Autos von BMW, Mercedes oder Audi. Ein Porsche-Kauf in Deutschland wird meistens durch technische Spezifikationen des Autos begründet. Das heißt, dass Porsche seinen Stammkunden, die bei etablierten Modellen mehr als 70 Prozent ausmachen können, gute Gründe liefern muss, sich wiederum für das neue Modell zu entscheiden.

Die Premiummarken-Botschaft ist bei Porsche, dass man sich eine »Sportwagen Legende« zulegt – eine, die mit zahlreichen sportlichen Erfolgen einen unanfechtbaren Thron in der Geschichte des Automobilrennsports errungen hat. Wofür Porsche steht, das weiß jeder – daher braucht Porsche auch keinen offiziellen Marken-Leitspruch. Der 911, der 2003 »die ersten vierzig Jahre« feierte, ist Leitspruch und Ikone genug.

Andere Autohersteller in Europa, USA und Japan

Die Beispiele der Marken Mercedes-Benz, BMW, Porsche und Audi haben die Bedingungen und Strukturen aufgezeigt, welche die Entstehung und Entwicklung von Premium ermöglichen. Im Folgenden sollen diese Erkenntnisse auf andere Automarken beziehungsweise Automobilhersteller angewendet werden, um potenzielle Markenaufsteiger und Wettbewerber der etablierten deutschen Premium-Automarken zu identifizieren.

Potenzielle Aufsteiger in Europa

Die meisten europäischen Automobilhersteller können auf eine lange Geschichte zurückblicken, aus der eine starke Unternehmenskultur erwachsen ist und auf die sich Traditionen begründen. Trotzdem gibt es unter den zahlreichen europäischen Automarken nur wenige, die kurz- oder mittelfristig eine Premiumpositionierung erreichen könnten. In der Automobilindustrie werden allgemein die Marken Peugeot, Alfa Romeo und vielleicht Lancia als aussichtsreichste Kandidaten gehandelt. Die Marke Volkswagen nimmt aufgrund ihres absoluten Produktionsvolumens und ihrer Markenge-schichte eine Sonderstellung ein, die ebenfalls untersucht werden soll.

Peugeot hat sich in den vergangenen Jahren durch verschiedene Innovationen hervorgetan. Dazu zählt der Diesel-Rußfilter, der sich bereits mehr als 500 000 Mal verkauft hat und die deutschen Auto-mobilhersteller in Zugzwang brachte. Zudem hat das Blechfaltdach des 206 CC für Furore gesorgt. Das Blechfaltdach des Cabrios ist auf so große Resonanz bei den Kunden gestoßen, dass der 206 CC zum bestverkauften Cabrio in Europa wurde und das Blechfaltdach nun auch im 307 CC verwendet wird, der seit Oktober 2003 auf dem Markt ist.

Anfangs lächelte die Konkurrenz, denn Peugeot hatte tatsächlich Produktionsprobleme, doch nachdem diese beseitigt waren, ist der Konkurrenz das Lachen vergangen. Den entscheidenden Beitrag hierfür leistete Murat Günak, heute bei VW, der als Designer bei Mer-cedes-Benz das Blechfaltdach schon für den SL und den SLK ent-worfen und eingeführt hatte. Auch der 407, die überraschend aggres-siv gestaltete Limousine in der Mittelklasse, ist sein Entwurf. Allerdings wird es noch einige Zeit brauchen, bis sich Peugeot in die-sem Segment etablieren kann, auch weil größere Autos im Heimat-markt Frankreich früher einer Luxussteuer unterlagen.

Alfa Romeo zehrt weiterhin von seiner Rennsportgeschichte sowie von sporadischen Auto-Highlights, die in Alfa-Traditionsver-einen liebevoll gepflegt werden. In den letzten Jahren profitierte die Marke vom elegant-italienischen Design von Walter da Silva, der heute bei der Audi-Gruppe arbeitet. Da Silva hat Alfa Romeo wieder attraktiv gemacht. Allerdings ist, wie in der Premiummarken DIS-Matrix dargelegt, Design nur ein Element von dreien. Eine eigen-ständige Antwort auf Innovation und Geschwindigkeit bleibt Alfa Romeo noch schuldig, was möglicherweise durch die enge Koopera-tion mit Ferrari/ Maserati gelöst werden könnte.

Volkswagen, eher als Volumenhersteller anzusehen, ist dadurch gehemmt, dass VW sowohl in der horizontalen Portfolioaufstellung als auch in der globalen Segmentabdeckung große Lücken aufweist, aber auch in den untersten Segmenten vertreten ist, die Premium-marken meiden. Beispielsweise kann zwar ein Golf schon fast als Premium gelten, aber was ist mit dem Polo oder Lupo? Will VW Premiummarke werden, müssten beide als Skoda vermarktet werden, denn keine der vier deutschen Premium-Automarken ist in diesem A-/B-Segment mit eigenen Modellen vertreten. Stattdessen hat Mercedes-Benz die Marke Smart, BMW hat Mini und Audi hat nun Seat.

Der VW Touareg und Phaeton sind ganz klare Zeugnisse eines Premiumanspruchs, da man bei VW davon überzeugt ist, dass gerade eine Oberklassen-Besetzung mit dem Phaeton den Premiumanspruch sichert. Die Überzeugung ist, dass nur, wer in dieser Luxusklasse vertreten ist, überhaupt eine Chance hat, sich als Premiummarke zu etablieren. Obwohl der Phaeton mit seiner zugfreien Klima-Anlage oder den stärksten Diesel-Motoren Standards im S-Klasse-Segment E2 gesetzt hat, ist noch keine klare Aussage zur Innovation oder zur Geschwindigkeit erkennbar. VW muss in diesen Bereichen eine klare Markenaussage machen, wenn sie die Felder der Premiummarken DIS-Matrix vollständig besetzen wollen.

Gescheiterte Kandidaten in Europa

Wer sind die gescheiterten Premiummarken-Kandidaten in Europa?

Rover ist zu nennen. Zwar haben die BMW-Ingenieure nach der Trennung erfolgreiche Automodelle hinterlassen, aber die Zukunft sieht nicht rosig aus. Rovers Entwicklungsabteilung wurde 2003 um ein Drittel dezimiert. Ein neuer Kleinwagen aus Indien hat große Probleme bei der Qualitätswahrnehmung hervorgerufen, sodass Rovers Chancen sinken, jemals wieder als Premiummarke wahrgenommen zu werden. MG, als eine Rover-Abspaltung, hat diesbezüglich ein größeres Potenzial, besonders wegen der starken Heritage. Allerdings sind für den Aufbau einer Premiummarke eine starke Unternehmensführung, hohe Investitionen und ein langer Atem notwendig. Vielleicht wird das bei MG mithilfe von Toyota passieren?

Renault hat den Aufstieg in die Premiumliga nicht geschafft. Zwar war die Produktion des Renault Avantime ein ambitionierter Schritt in Richtung Premium, doch wurde der Versuch, im oberen Marktsegment Fuß zu fassen, als halbherzig enttarnt. Erstens wurde der Avantime nicht von Renault selbst gebaut, sondern von Matra, was die Qualitätssicherung erschwerte. Außerdem war die Abgrenzung zum sehr erfolgreichen MPV-Klassenbegründer Renault Espace nicht groß genug, und drittens war das Design als ein viersitziges Chauffeur-Coupé für hinten sitzende große Nordeuropäer nicht geeignet – und das bei einer Reiselimousine.

Fiat ist mit dem Brava-Nachfolger Stilo nicht erfolgreich. Ein deutsch aussehendes Auto von einem italienischen Hersteller ist eben nicht authentisch und lässt sich nur noch über das Preisargument verkaufen.

Die Modelle von Ford und Opel werden schon eher angenommen, dennoch können beide bisher nicht an ihre früheren Erfolge anknüpfen, da die Marken zu unscharf positioniert sind. Opel hat mit Carl-Peter Forster, der früher bei BMW war, einen Top-Manager an der Spitze, der vorhandene Potenziale nutzt und der Marke eine Chance gibt. Mit dem Signum und der Omega-Nachfolgerstudie Insignia werden Premiumambitionen verfolgt, doch der Erfolg ist bisher bescheiden. Ford hat dagegen seinen Premiumanspruch völlig aufgegeben und das Feld oberhalb des D-Segments den Wettbewerbern der Premier Automotive Group überlassen.

Premium- und Luxushersteller in Europa

Zur Premier Automotive Group (PAG) zählen im Moment die vier Marken Volvo, Land Rover, Jaguar und Aston Martin. Volvo ist seit jeher eine Premiummarke, die sich teilweise in den Eigenschaftsausprägungen mit Mercedes-Benz in der Premiummarken DIS-Matrix überschneidet, und viel in puncto Sicherheit innoviert. Zum Beispiel hat Volvo den Dreipunkt-Sicherheitsgurt und das Zweikreis-Bremssystem entwickelt und ist als sicheres und familienfreundliches Auto positioniert.

Land Rover ist ein Premiumprodukt, aber auf dem Weg zum Luxusprodukt, wenn die Innovationsfähigkeit weiter verloren geht. Noch mag Land Rover vom Image her an der Spitze stehen, allerdings ist die Premiumkonkurrenz in den letzten Jahren zunehmend aktiv geworden, und so hat zum Beispiel der Cayenne Turbo den vorher Klassenschnellsten Land Rover entthront.

Jaguar und Aston Martin haben beide ihren Premiumstatus schon seit Jahren verloren und sind »nur noch« reine Luxusfahrzeuge, die ihre Innovationsfähigkeit stark vermindert haben. Das soll nicht heißen, dass beide nicht begehrenswerte und starke Marken sind, allerdings sprechen sie als Luxusmarke hauptsächlich emotionale Eigenschaften an und vernachlässigen die kognitiven Aspekte. Um das zu kompensieren werden die Marken aufwändig beworben, wie zum Beispiel im letzten James Bond-Film. Allerdings zeigte schon die Positionierung Jaguars unter Wolfgang Reitzle, als man der »Burberry« unter den Autos werden wollte, dass man zu wenig an die Schaffung von innovativem Zusatznutzen gedacht hatte. Vierradantrieb, Aluminium-Karosserie und ähnliche Neuerungen waren bei der Premium-Konkurrenz schon seit langem verfügbar.

Darüber hinaus hat Jaguar eine Kardinalssünde für Luxusmarken begangen, die auch für Premiummarken gilt: Es hat offizielle Preissenkungen gegeben, beispielsweise im Sommer 2003 wurde der Preis für den 3 Liter X-Type in den USA von 36 000 Dollar auf 33 000 Dollar gesenkt. Dies schlägt sich sofort auf den Gebrauchtwagenwert nieder und verärgert alle Jaguar-Kunden, die zuvor »zuviel« gezahlt haben. Da hilft es nicht, wenn PAG-Chef Mark Fields predigt, dass der Restwert der ultimative Test für eine Premiummarke ist – die Taten allein sind entscheidend!

Neben den Marken der Premier Automotiv Group sind auch Rolls-Royce und Bentley zu berücksichtigen, das alte Brüderpaar, das sich nun gegeneinander aufstellt. In den achtziger und neunziger Jahren waren beide zu reinen Luxusprodukten geworden, die nur noch vom Ruhm der Vergangenheit zehrten. Doch die ehemalige Premiummarke Bentley wurde durch die Übernahme von VW unter Ferdinand Piëch wieder aus ihrem Dornröschenschlaf erweckt. Das erste Premiumstatement war der Bentley Arnage T, der mit 875 Newtonmeter einen neuen Rekord für eine Limousine darstellte, und die 2,5 Tonnen Gewicht durch seine Durchzugskraft mehr als relativierte. BMW, als neuer Rolls-Royce-Besitzer, bekam diese Innovationskraft schmerzlich zu spüren, denn die klassische Verkaufsaufteilung von zehn Rolls Royce zu einem Bentley kehrte sich in das Gegenteil um, wegen der Innovationen von Bentley.

Aber auch, wenn der neue Rolls-Royce Phantom sich in puncto Beschleunigung (»waftability«) verbessert hat, reicht eine Spitzengeschwindigkeit von 240 Stundenkilometer bei weitem nicht aus, um wieder die »Krone des Automobilbaus« zu sein. Bei Bentley hingegen setzt der neue Continental GT herausragende Standards. Mit seiner Spitzengeschwindigkeit von 318 Stundenkilometer stellt er sogar den fast 100 000 Euro teuren Aston Martin Vanquish in den Schatten, und auch der Bentley-Sieg in Le Mans 2003 ist ein Zeichen für eine Luxusmarke, die wieder Premiumfähigkeit erwirbt und daher ein großes Wachstumspotenzial hat.

Es bleibt noch die Beurteilung der Marken Bugatti, Ferrari und Lamborghini. Bugatti wird wohl im VW-Konzern das oberste F2-Segment (über 200 000 Euro) übernehmen, und nachdem bis zu 300 Veyron die neue Manufaktur in Molsheim verlassen haben, das Produktportfolio im eigenen Interesse mit einer ähnlich positionierten Limousine fortführen. Das passt zur Positionierung der Marke, alles preislich darunter gelegene würde durch potenzielle Kunden gar nicht wahrgenommen, weil es nicht erwartet wird.

Ferrari, mit einer durch Erfolgschef Luca di Montezemolo »selbstauferlegten« Limitierung auf etwa 4 000 Autos pro Jahr, ist eindeutig eine Premiummarke. Das Innovationspotenzial wird bei jeder Formel-1-Weltmeisterschaft wieder unter Beweis gestellt, wenn der Zwerg Ferrari die Giganten schlägt. Maserati soll in der Zukunft bei Ferrari für entsprechendes Volumen sorgen. Die Einführung des neuen Quattroporte im Herbst 2003 ist ein erster wichtiger Schritt, aber vielleicht kommt auch einmal Alfa Romeo in das Ferrari-Imperium, dann wäre eine geschlossene Phalanx von Premiummarken aufgestellt.

Lamborghini hat in den letzten Jahren eine glanzvolle Rückkehr in das Premiumsegment geschafft. Markantes, futuristisch anmutendes italienisches Design, gepaart mit dem Know-how von Audi, hat aus Lamborghini wieder eine begehrenswerte Premiummarke gemacht, die neue Standards setzt.

Premium- und Luxushersteller in USA

Wenn man davon überzeugt ist, dass der Jeep von Chrysler keine Luxusmarke ist, obwohl Wendelin Wiedeking während der Porsche Cayennne-Entwicklung genau dieses Auto immer als Benchmark zur Probe gefahren ist, dann gibt es nur drei amerikanische Luxusmarken nämlich Lincoln, Cadillac und Hummer. Der Begriff »Luxusmarken« ist an dieser Stelle bewusst gewählt, weil alle drei in den letzen Jahren nicht durch bahnbrechende Innovationen aufgefallen sind, was sicherlich zu ihrem Imageverlust beigetragen hat.

Lincoln, als Teil der Ford Gruppe, hat mit dem Leitspruch »American Luxury – define luxury yourself« eine Aussage getroffen, die besonders gut auf den extrem großen Geländewagen Lincoln Navigator zutrifft.

GM ist mit den zwei Luxusmarken Cadillac und Hummer vertreten. Der Hummer H1, einst gefahren von Arnold Schwarzenegger, wird nun als H2 einem breiteren Publikum zugänglich gemacht und als H3 fortgesetzt und sogar separat als eigene Marke vertrieben. Cadillac ist die traditionelle Luxusmarke von GM. Zwar ist Cadillac sehr auf Komfort ausgelegt, doch hat die Marke im letzten Jahrzehnt Marktanteile an die japanischen Luxusmarken Lexus von Toyota, Acura von Honda und Infiniti von Nissan verloren.

Es stellt sich die Frage, ob Chrysler ein Premiumhersteller werden kann, wie es von Dieter Zetsche angestrebt wird? Die Frage ist eher mit einem Nein zu beantworten, zieht man die folgenden drei Gründe in Betracht. Erstens würde ein Premiumimage viele angestammte Chrysler-Kunden verärgern, denn der durchschnittliche Amerikaner liebt Einfachheit und Chrysler kann es sich eigentlich nicht leisten, weitere Stammkunden zu verlieren. Zweitens legt die Konzern-Markenstrategie fest, dass Mercedes-Benz immer nur relativ veraltete Technologien aus dem vorherigen Modellzyklus an Chrysler weitergibt, was ein krasser Widerspruch zum Innovationsansatz der Premiummarken ist. Der neue Crossfire ist beispielsweise auf der alten SLK-Plattform gebaut, und der neue 300 C erhält nur Plattformkomponenten der bereits eingeführten E-Klasse. Als dritter Grund ist anzuführen, dass Chrysler finanziell von Mercedes-Benz abhängig ist. Mercedes-Benz wird sicher nicht Geld an Chrysler überweisen, um Chrysler als Premiummarke aufzubauen, die dann in Konkurrenz zu Mercedes-Benz tritt.

Um eine hilflose Positionierung zwischen Premium- und Volumenstrategie zu vermeiden, sollte sich Chrysler klar auf Volumen ausrichten – diese Einsicht scheint sich mittlerweile auch bei Chrysler durchzusetzen. Denn im Januar 2004 fasst Chrysler-Chef Zetsche die aktuelle Chrysler-Positionierung wie folgt zusammen: »Wir haben weder in der Vergangenheit noch heute die Vorstellung gehabt, Chrysler auf ein Niveau mit traditionellen Premiummarken wie Mercedes-Benz zu bringen. Das würde uns auch niemand abnehmen. Wir wollen mit Chrysler eine gewisse Premiumstellung im Volumenmarkt erreichen.«

Wo bleibt die japanische Gefahr?

Mit dem Ausspruch »Das wüsste ich selber gerne« gibt der Toyota-Europa-Chef Shuhei Toyoda offen zu, dass er keine Ahnung hat, wann es der Toyota-Luxusmarke Lexus gelingt, mehr als die kläglichen 20 000 Einheiten pro Jahr auf dem europäischen Markt abzusetzen. Ohne Heritage, also die glorreiche Geschichte und Tradition einer Marke im Hintergrund, ist es allerdings schwer, eine Luxusmarke in Europa zu etablieren, geschweige denn, eine Premiummarke zu generieren. Zumal verfügt Lexus über amerikanische Stilelemente, orientiert sich beim Design an anderen Premiummarken, statt auf eigene unverkennbare Merkmale zu setzen und kann auch keine wesentlichen Innovationen vorweisen.

Wenn man bedenkt, auf welche Entwicklungsgeschichte und auf welchen Markenaufbau beispielsweise ein Mercedes SL oder Porsche 911 zurückblicken kann, dann ist es verständlich, wie lange es dauern wird, eine neue und junge Marke wie Lexus, Acura oder Infiniti zum Erfolg zu führen. Somit verwundert es nicht, dass Toyota mit seiner prall gefüllten Kriegskasse großes Interesse nachgesagt wird, Porsche oder BMW zu übernehmen. Da aber weder die Familie Porsche/Piëch noch die Familie Quandt ihr Aktienpaket verkaufen wollen, bleibt es wohl bei Spekulationen. Auch wäre bei einer Übernahme zu bedenken, dass die Null-Fehler-Toleranz von Toyota nicht mit der fehlerbedingenden Innovationskultur dieser Premiummarken kompatibel ist.

Eine realistische Chance, Lexus als Premiummarke aufzubauen, würde darin bestehen, das Lexus-Hauptquartier nach Europa, am besten nach Deutschland, zu verlegen und die besten Leute in der Premiumindustrie anzuheuern, was allerdings bei der geringen Attraktivität der Marke Lexus nicht einfach sein dürfte. Erfolgversprechender scheint der Weg über den Kauf von beispielsweise MG oder Lotus, oder sogar Lancia oder Alfa Romeo. Alle vier Marken verfügen über Heritage, die man mit Geduld und Beständigkeit, Investitionen und Innovationen vorausgesetzt, wieder gut bei den Premiumkunden positionieren könnte.

Nicht nur beim Markenaufbau, sondern auch bei der Produktion können die Japaner lernen, so BMW-Vorstandschef Helmut Panke: »Die Japaner sind weiterhin Spitze, wenn es um standardisierte Fertigung und effiziente Abläufe im Volumensegment geht. Aber schon heute entsenden Japaner ihre Produktionsingenieure nach Deutschland, um etwas über auftragsbezogene, auf einzelne Kundenwünsche ausgerichteter Fertigung zu lernen. In diesem Gebiet setzen wir Deutschen weltweit den Maßstab und BMW ist dabei an der Spitze.«

Bezüglich der Analyse der japanischen Autohersteller, die sich im Luxussegment bewegen, ist generell zu konstatieren, dass sich die japanischen Luxusmarken noch in weiter Ferne von irgendeiner Premiumpositionierung befinden, und deshalb auch mittelfristig nicht als Gefahr für die etablierten, heimischen Anbieter angesehen werden müssen, aber auch nicht unterschätzt werden dürfen.

Lexus ist an der Spitze der japanischen Luxusmarken angesiedelt, doch ist die Tochtergesellschaft von Toyota viel zu nahe an der Muttergesellschaft angelehnt. Bedingt durch Lexus' Profitabilität, die sich allein auf den US-amerikanischen Markt stützt, ist das verständlich. Da in Japan die Nachfrage nach Toyota-Modellen in der Oberklasse kontinuierlich abnimmt, sollen ab August 2005 auch in Japan die ursprünglich als Toyota verkauften Lexus-Modelle unter der Marke Lexus angeboten werden. Erst kürzlich sind die Verantwortlichkeiten für die Marke Lexus bei Toyota neu geregelt worden, was ein wichtiger Schritt ist, wenn man Lexus weiter ausbauen und entwickeln will.

Bisher hat Lexus sich immer den Vorwurf gefallen lassen müssen, ein Design zu verfolgen, das stark an Mercedes-Benz und BMW erinnert. Dieser Makel wird in Europa und insbesondere in Deutschland nicht akzeptiert, wo Pionierleistungen honoriert und langfristig den einzelnen Herstellern zugeordnet werden. Auf der Tokio Motor Show im Herbst 2003 wollte Lexus diesen Vorwurf mit neuen Designlinien entkräften, aber schon die Tatsache, dass Toyota und Lexus das gleiche Design-Studio haben, lässt Zweifel aufkommen.

Lexus müsste eine klar definiert Marke, mit eigenständigem und eindeutigem Image sein und entscheidende Innovationen bringen, um eine realistische Chance im Premiumsegment in Europa zu haben. Der Schwachpunkt, keine wirklichen technologischen Innovationen vorweisen zu können, trägt dazu bei, dass die Marke letztlich nicht als wirklich »premiumfähig« angesehen wird, sondern immer den Hautgout des dahinter stehenden Massengeschäfts von Toyota mit sich trägt.

Infiniti, die Luxusmarke von Nissan, hat sich im Herbst 2003 der Strategie des Marktführers Lexus angeschlossen und will die Marke in den nächsten Jahren in Japan und Europa einführen. Mit dem innovativen Einfluss von Renault und mit großer Unabhängigkeit von Nissan kann Infiniti in Europa als Luxus- und sogar als Premiummarke eine Chance eingeräumt werden.

Acura, die Luxusmarke von Honda, wird Lexus und Infiniti folgen, um mit der Konkurrenz Schritt halten zu können. Da Honda als Marke allein schon einen guten Ruf hat, könnte Acura sogar in Europa auf Akzeptanz stoßen, vorausgesetzt die Marke hat Innovationen aufzuweisen, die auch richtig vermarktet werden.

Kapitel 8
Die Erfolgsfaktoren
der Premiummarken

Im Wesentlichen sind fünf Erfolgsfaktoren zu identifizieren, die BMW, Mercedes-Benz, Porsche und Audi gemeinsam haben und die auch für Unternehmen anderer Industrien von Bedeutung sind (siehe Abbildung 8-1).

Im Folgenden wird auf die einzelnen Erfolgsfaktoren von Premiummarken näher eingegangen.

- (1) Aufbau und Pflege einer innovativen und begehrenswerten Premiummarke

- (2) Einstellen und Halten der besten Talente der Industrie

- (3) Limitierung des Angebots unterhalb der Nachfrage

- (4) Enge Kooperation mit den besten Zulieferern

- (5) Flexible und kosteneffiziente Produktion

Abb. 8-1 Diese Erfolgsfaktoren der Premiummarken gelten nicht nur für die Automobilindustrie, sondern sind auch in anderen Industrien von Bedeutung

Aufbau und Pflege einer innovativen und begehrenswerten Premiummarke

Um eine Premiummarke aufzubauen, ist es nicht nur erforderlich, technische Innovationen anzubieten, sondern auch die Vorteile dieser Innovationen mittels einer integrierten Marketingstrategie den Kunden überzeugend näher zu bringen. Um nachhaltigen

Erfolg zu erzielen, müssen nach dem ersten Markenaufbau weitere Innovationen folgen und als Teil einer umfassenderen Markenstrategie beworben werden. Premiummarken befinden sich also in einem kontinuierlichen Prozess des Innovierens. Während der Aufbauphase spielen die Innovationen eine größere Rolle als bei der späteren Pflege, da eine neue Premiummarke erst durch Innovationen auf sich aufmerksam machen muss und diese einen erheblichen Zusatznutzen im Vergleich zur bisherigen Konkurrenz aufweisen muss.

In der Automobilindustrie werden Innovationen in der Regel durch Motorsporterfolge den Kunden deutlich gemacht. Porsche hat mit seinen zahlreichen Rennsiegen im Motorsport gezeigt, dass die Marke für Schnelligkeit steht. Audi hat mit seinen beeindruckenden Rallye-Erfolgen bewiesen, dass durch die Traktion der Quattro-Vierradantrieb einem Hinterrad- oder Vorderradantrieb stark überlegen ist. Die etablierte Premiumkonkurrenz sah sich genötigt, mit eigenen innovativen Vierradantrieben nachzuziehen.

Zwar spielen bei der Pflege einer etablierten Premiummarke die Innovationen auch eine wichtige Rolle, doch wird die Imagepflege und der Aufbau einer konsistenten Unternehmenswahrnehmung immer wichtiger. Hier gilt es, die maximalen Standards an Qualität aufrechtzuerhalten, um den Ruf der Marke nicht zu verspielen.

Die Premium-Automarken haben sich der Imagepflege gezielt angenommen. Diese erfolgt mithilfe von Werbung und Public Relations, aber auch durch Sponsoring von beispielsweise Ausstellungen, Konzerten oder Sportevents wie Golfturnieren, Segeltörns, Skirennen oder Fußballspielen. Wichtig ist es dabei, sowohl technikorientierte Kunden als auch imageorientierte Kunden zu erreichen.

Kommunikation der Premiummarken-Geschichte und der DNA

Wichtiger Bestandteil der Premiummarken-Strategie ist nicht nur die Markenpflege, sondern auch die Kommunikation der Markengeschichte sowie der DNA, also der Gene einer Premiummarke.

Die Geschichte einer Premiummarke spielt eine wichtige Rolle, da sie die Kultur der Premiummarke bis in die Gegenwart beeinflusst und sogar die Weichen für die Zukunft stellt. Für gegenwärtige und zukünftige Entscheidungen stellt sich die Frage, ob sie mit der bisherigen Geschichte vereinbar sind. Beispielsweise ist Porsche bei den Kunden auf erheblichen Widerstand gestoßen, als der 911 von Luft- auf Wasserkühlung umgestellt wurde, da sie befürchteten, dass der typische Porsche-Sound verloren gehen würde. Bis zu vierzig Porsche Ingenieure beschäftigten sich damit, den neuen wassergekühlten Motor so klingen zu lassen wie den alten luftgekühlten Motor – Porsche hatte gar keine andere Wahl, um keine Premiumkunden zu verlieren.

Mit der DNA, also den Genen, einer Premiummarke sind diejenigen Charakteristika gemeint, die schon immer da waren. Die Gene einer Premiummarke sind quasi das Erbgut, das von Generation zu Generation eines Fahrzeugmodells weitervererbt wird. Bei Porsche zum Beispiel ist das die typische aerodynamische Form des Chassis, die seit dem ersten Porschemodell 356 beibehalten wurde und jeden neuen Porsche sofort als solchen erkennen lässt und charakterisiert.

Gerade beim Design ist es wichtig, das historische Erbgut zu erhalten, damit man die Premiummarke am besten auch ohne Logo sofort erkennt. Es ist natürlich oft eine Gratwanderung zwischen der Bewahrung der Identität und der Anpassung des Designs an den Zeitgeist beziehungsweise der zeitgemäßen Neuinterpretation des historischen Erbgutes. Andererseits ist es wichtig, die unterschiedlichen Modellvarianten auch optisch über das Design zu differenzieren, damit die Kunden die Modelle entsprechend auseinanderhalten können. Beispielsweise besteht die Karosserie des neuen XJ von Jaguar zwar vollkommen aus Aluminium, aber im Design sieht das Auto seinem Vorgängermodell zum Verwechseln ähnlich. Das mag bei einer Luxusmarke noch akzeptabel sein, nicht aber bei einer innovativen Premiummarke.

Positiver Imagetransfer von anderen Premiummarken

Der Aufbau und die Pflege einer Premiummarke können auch mit einem positiven Imagetransfer von anderen Premiummarken einhergehen. Der positive Imagetransfer von anderen Premiummarken ist ein Weg, um einerseits das eigene Image besser zu positionieren, und andererseits sich den Kundenkreis eines anderen Premium- oder Luxusherstellers zu erschließen.

Mercedes-Benz hat zum Beispiel mit Giorgio Armani eine auf 150 Fahrzeuge limitierte Edition des Mercedes CLK konzipiert, die auf der Mailänder Fashion Show vorgestellt wurde. BMW hat zur Eröffnungsparty der Präsentation der BMW Coupes, bei der der 6er als neuestes Modell vorgestellt wurde, alle Inhaber einer American Express Centurion Card eingeladen. Bentley, die sich von einer Luxus- zu einer Premiummarke entwickeln, arbeiten mit der Uhrenmarke Breitling zusammen: Breitling baut die Uhr im Cockpit für Bentley und sponserte Bentley beim Rennen in Le Mans.

Wichtig bei allen Formen der Zusammenarbeit ist, dass der Imagetransfer positive Effekte hat, das heißt, dass man Marken mit einer positiven Besetzung als Partner wählt, die zum Image der eigenen Premiummarke passen. Ansonsten besteht die Gefahr, dass der Imagetransfer von den Kunden nicht oder sogar negativ wahrgenommen wird, weil die Kombination der Marken unglaubwürdig ist.

Einstellen und Halten der besten Mitarbeiter der Industrie

Von Anfang an sind der Markengründer und die wichtigsten Personen um ihn herum für den Erfolg einer Premiummarke entscheidend. Es geht bei Premiummarken darum, im Gegensatz zu dem naiven Spruch »jeder ist ersetzbar«, die besten Leute der Industrie für das Unternehmen zu gewinnen und zu halten, und außerdem deren erfolgreiche Zusammenarbeit zu garantieren. Mit zunehmender Größe des Unternehmens und mit starker Dominanz der Unternehmenskultur relativiert sich dieser personelle Faktor wieder etwas, doch wenn ein Unternehmen keine neuen exzellenten Talente akquiriert und an sich bindet, kann dies bis zum Absturz einer Premiummarke führen.

Kurzum, in der Automobilindustrie geht es um Menschen mit »Benzin im Blut«, die Innovationen entwickeln, die zur Überlegenheit der Premiummarke beitragen. Das Einstellen und Halten dieses Personals ist sicherlich eine der wichtigsten Herausforderung einer Premium-Automarke. Kein Wunder, dass Ferdinand Piëch, der bei Porsche und Audi einen entscheidenden Beitrag zum Unternehmenserfolg geleistet hat, sagt: »Gute Leute haben bei mir Narrenfreiheit!«

Das Statement des legendären BMW-Vorstands- und -Aufsichtsratvorsitzende Eberhard von Kuenheim über die personelle Fluktuation bei BMW in den letzten Jahren lautet: »Ich hätte sie halten können.« Doch Fakt ist, dass BMW über ein großes Reservoir gut ausgebildeter Mitarbeiter verfügt und die Abwanderungen eher verkraften kann als jedes andere Unternehmen. BMW gilt als eine exzellente Kaderschmiede und BMW-Mitarbeiter sind auch für viele andere Unternehmen begehrenswerte Arbeitskräfte. Nur mit Mercedes-Benz gibt es eine Abmachung, sich nicht gegenseitig Leute abzuwerben, um die Interessen beider Parteien zu schützen und nicht gegenseitig die Gehaltskosten hochzuschaukeln.

Wichtig ist, dass eine Premiummarke eine Attraktivität ausstrahlt, die die besten Leute in der Industrie anzieht. Dabei ist eine Kommunikationspolitik entscheidend, die über Erfolge berichtet.

Der Erwerb von Lamborghini, Bentley und Bugatti durch die VW-Gruppe wurde in der Presse stark kritisiert. Gewiss war das Investment hoch, aber wenn man bedenkt, was für exzellente Mitarbeiter der VW-Konzern durch diese Marken anziehen und halten kann, beziehungsweise durch diese Engagements bereits gewonnen hat, sind diese Übernahmen viel positiver zu bewerten. Die Akquise der herausragenden Kräfte wäre VW ohne die Marken Lamborghini, Bentley und Bugatti im Hintergrund sicherlich schwerer gefallen.

So hat zum Beispiel die Marke Bugatti im VW-Konzern offensichtlich auch Bernd Pischetsrieder die Entscheidung zu VW zu wechseln sehr erleichtert, was man an seinem regen Interesse an der Marke deutlich erkennt. Und mit Pischetsrieder und seinem Wissen, das er von BMW mitgebracht hat, wie zum Beispiel das Baukastenprinzip oder die flexible Fertigung, hat VW durchaus realistische Chancen, in der Zukunft einmal eine Premiummarke zu werden. Auch um die besten Mitarbeiter zu halten, hat sich die Einkaufstour von VW schon bewährt. Anstatt den erfolgreichen ehemaligen Audi-Chef Karl-Heinz Paefgen an die Konkurrenz zu verlieren, sorgt dieser jetzt dafür, dass die Luxusmarke Bentley wieder eine innovative Premiummarke wird.

Es mag wie eine Binsenweisheit klingen, dass Konkurrenzausschlussklauseln ein wichtiger letzter Anker sind, um zu verhindern, dass gute Leute zur Konkurrenz abwandern. Aber der Fall Lopez, bei dem GM den Top-Einkäufer nicht vertraglich hindern konnte, zu VW zu wechseln, obwohl er die Zuliefererpreise von GM bestens kannte, hat gezeigt, wie wichtig Konkurrenzausschlussklauseln sind. Auch hätte BMW Wolfgang Reitzle an Porsche verloren, wenn er nicht durch seinen Vertrag gehalten worden wäre; er hat in den darauffolgenden Jahren bei BMW einen entscheidenden Beitrag zum Erfolg geleistet.

Die erste Pflicht für Premiummarken ist es jedoch, die Mitarbeiter durch interessante und herausfordernde Aufgaben zu motivieren und an das eigene Unternehmen zu binden. Dies gilt insbesondere für diejenigen Fachkräfte der Automobilindustrie, die Innovationen, das Design und das Fahrverhalten der Premium-Automarken entscheidend mitgestalten und erfolgreich prägen.

Limitierung des Angebots unterhalb der Nachfrage

Das Schlimmste, was einer Premiummarke passieren kann, ist, dass die Nachfrage zu schnell befriedigt wird und dann stark einbricht. Daher ist es das Ziel einer Premiummarke, das Angebot immer unterhalb der Nachfrage zu limitieren, und zwar nicht nur um die oft zitierte »eine Einheit«, sondern einen gesamten Produktlebenszyklus lang.

Auch hat eine Premiummarke die Zielsetzung, die Nachfrage über Jahre hinweg kontinuierlich zu steigern. In der Automobilbranche wird dies meist durch Leistungssteigerungen der Motoren oder Angebote neuer Varianten angestrebt. So hat zum Beispiel Wendelin Wiedeking die Markteinführung des Porsche Boxster S ein Jahr später als ursprünglich geplant stattfinden lassen, weil das Boxster-Basismodell über alle Erwartung gute Absatzzahlen vorweisen konnte.

Es ist für eine Premiummarke auch wichtig, die verschiedenen Produktlinien, also Automodelle, so abzustimmen, dass sich die Schwankungen der Modelllebenszyklen insgesamt ausgleichen und nicht verstärken, weil sonst alle Modelle gleichzeitig ersetzt werden müssten und es so zu starken Umsatz-, Investitions- und Gewinnschwankungen kommt. Als Eberhard von Kuhnheim zu BMW kam, war es eine seiner ersten Amtshandlungen, die Modellzyklen aufeinander abzustimmen, um ein kontinuierliches und stetiges Wachstum zu erreichen.

BMW-Chef Panke bringt die Sache auf den Punkt: »Wir werden immer einige Fahrzeuge zu wenig haben, damit die Premiumpositionierung ohne Push-Maßnahmen gewährleistet bleibt.«

Optimierte Kapazitätsauslastung

Der hohe Preis eines Premiumprodukts kann die Nachfrage bewusst limitieren und die Gewinnmarge verbessern. Es wird zwar eine hohe Kapazitätsauslastung angestrebt, doch sollte das Angebot unter der Nachfrage angesiedelt sein. Wenn dann die Nachfrage doch die Kapazität überschreitet, dann ist das, um in Porsche-Chef Wiedekings Worten zu sprechen, »ein großer Stress mehr aus der Fabrik rauszuholen, aber ein positiver Stress, bei denen sich alle recken und strecken müssen.«

In der Automobilbranche wird ein Angebot verschiedener Modell- und Motorenvarianten geschaffen, das die Nachfrage auch über einen längeren Modellebenszyklus hochhält. Porsche ist darin zum Beispiel führend: aus der 911-Baureihe hat Porsche neben den Basisbaureihen immer weitere neue Motorvarianten entwickelt und auf den Markt gebracht. Das hat dazu geführt, dass seit Jahren der Modelllebenszyklus des 911 und des Porsche Boxster erfolgreich verlängert wird. Aber auch die 3er Reihe von BMW hat ein bemerkenswertes kontinuierliches Wachstum über den gesamten Produktlebenszyklus aufzuweisen, von dem die Konkurrenz nur träumen kann.

Hoher Wiederverkaufswert

Porsche ist Weltmeister in dem Erzielen eines hohen Wiederverkaufswertes für gebrauchte Autos, denn bei keiner anderen Marke verlieren die Autos prozentual weniger an Wert. Das ist kein Zufall, sondern ein Ergebnis der gezielten Politik, keine Preisnachlässe zu gewähren, aber auch der hohen Begehrlichkeit der Marke. Wendelin Wiedeking sagt ganz deutlich: »Porsche gibt keine Rabatte.« Das ist überspitzt formuliert, denn auch Porsche bietet wenige Monate vor einem Modellwechsel das Auslaufmodell günstiger an, aber eben nur zu diesem Zeitpunkt – meist auch nur die Porsche-Händler und eben nicht offiziell angekündigte Herstellerrabatte.

Je höher die Rabatte auf Neuwagen sind, desto geringer ist der Wiederverkaufswert der alten Modelle anzusetzen. Der markentreue Stammkunde muss die Differenz zwischen Altwagen- und Neuwagenpreis aufbringen, um sich ein neues Auto leisten zu können – je geringer diese zu finanzierende Differenz ist, umso einfacher ist es für einen Stammkunden, ein neues Auto zu erwerben. Dass heißt aber auch, dass ein hoher Gebrauchtwagenpreis für Neukunden in der Hinsicht attraktiv ist, dass die Anschaffung des Neuwagens nicht viel teurer erscheint als die eines Gebrauchtwagens.

Nicht nur Porsche, sondern alle deutschen Premium-Autohersteller stehen Rabattaktionen reserviert gegenüber. Diese Haltung ist nicht zu verwechseln mit der Einstellung der Autohändler, die auch bei Premiummarken individuell über den Preis verhandeln. Allerdings versuchen die Premiumhersteller genau aus diesem Grund die Konkurrenz zwischen den Händlern durch regionale Aufteilung zu minimieren.

Auch BMW ist bei der Pflege des Wiederverkaufswertes sehr erfolgreich. Dabei zahlen sich besonders die niedrigen Leasingraten aus, da Leasingraten zu einem erheblichen Teil durch den Wertverlust eines Autos geprägt werden. BMW kann Leasingraten anbieten, die nicht weit entfernt sind von nominell erheblich preiswerteren Volumenmarken.

Seit 2002 verfolgt BMW zudem in den USA ein Programm, das den Gebrauchtwagenhandel durch BMW-Händler stärker unterstützt, um eben die Gebrauchtwagenpreise hoch zu halten. Porsche hat sich dieser Strategie seit Mitte 2003 erfolgreich angeschlossen und Porsche-Händlern das Verkaufen von Gebrauchtwagen schmackhaft gemacht, um den Wiederverkaufswert zu steigern. Ein weiteres, damit verbundenes Ziel ist, den Gebrauchwagenkunden an einen offiziellen Porsche-Händler zu binden, damit er in Zukunft gegebenenfalls auch einen neuen Porsche kauft.

Enge Kooperation mit den besten Zulieferern

Die Gewinnung der und die Kooperation mit den besten Zulieferern ist ein entscheidender Faktor, der mit dem wachsenden Anteil der Zulieferer an der Gesamtwertschöpfung an Bedeutung gewinnt, der mittlerweile zwischen 60 und 90 % der Gesamtwertschöpfung liegt.

Die vier deutschen Premium-Autohersteller genießen bei den Zulieferern ein hohes Ansehen und sind sehr beliebt, was Umfragen immer wieder belegen. Die Graphik (siehe Abbildung 8-2) zeigt das Ergebnis der Umfrage der Forschungsstelle für Automobilwirtschaft (FAW) in Bamberg, die 2003 die Zufriedenheit von fast 1 000 Automobilzulieferern untersucht hat.

Nur wenn ein Zulieferer sich fair behandelt fühlt, wird er auch in Zukunft für den Kunden arbeiten und diesem auch exklusiv Premiuminnovationen anbietet. Das ist ein wichtiger Aspekt, insbesondere wenn es um Premiumzulieferer geht.

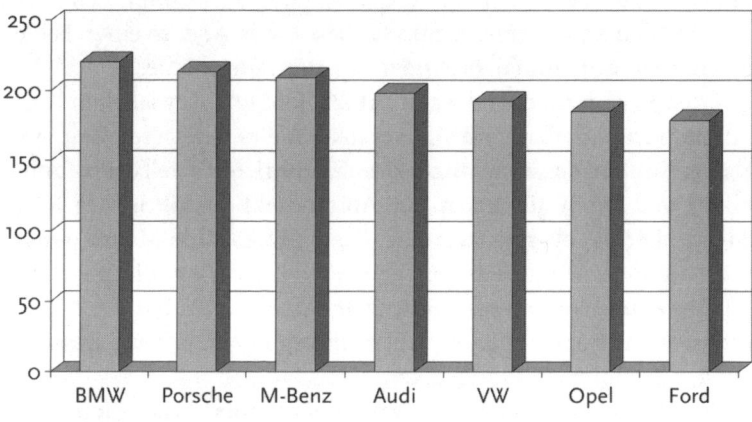

Quelle: *FAW/Automobilwoche*

Abb. 8-2 Die Zufriedenheit der Zulieferer mit deutschen Autoherstellern zeigt eine klare Präferenz für die Premiumhersteller, was beim Anbieten von Innovationen entscheidend sein kann

In der Automobilindustrie wird ein Zulieferer mit einer Innovation zuerst an denjenigen Autohersteller herantreten, mit dem er am zufriedensten ist. Der erste Einsatz einer Innovation ist für Premiummarken von herausragender Bedeutung, denn nur so können sie ihre Premiumpreise rechtfertigen.

Einzigartige und zu schützende Innovationen

Bei einer Premiummarke geht es nicht nur um eigene Innovationen, Qualität und Effizienz, sondern auch um die der Zulieferer.

BMW betreibt für jedes neue Modell einen aktiven Prozess, bei dem Premiumzulieferer ihre neuesten Innovationen vorstellen, welche dann in einen Selektionsprozess eingesteuert werden. Diejenigen Zulieferer, die den Zuschlag erhalten, müssen BMW allerdings für einen bestimmten Zeitraum Exklusivität garantieren. Diese Exklusivität von innovativen Zulieferteilen ist wichtig für einen Premiumhersteller, wie Mercedes-Benz bei der Entwicklung des Anti-Blockier-Systems in Zusammenarbeit mit Bosch vor mehr als 25 Jahren erfahren musste. Mercedes-Benz hatte mit Bosch und deren Tochtergesellschaft aufwändig das Anti-Blockier-System entwickelt, nur um mitanzusehen, wie Bosch die Innovation ohne große Zeitverzögerung allen Konkurrenten zum Einbau anbot. Aber so einen Fehler macht man nur einmal, besonders als Premiummarke.

Es ist essenziell, dass die von den Zulieferern entwickelten Innovationen patentierbar sind, um sie so über einen längeren Zeitraum vor der Konkurrenz zu schützen. Der Zeithorizont spielt deshalb eine Rolle, weil Innovationen in der Automobilindustrie in der Regel zuerst über die oberste Baureihe, das heißt das Top-Modell, eingeführt werden. Mit zunehmender Kostendegression, die meist aus Effizienz- und Volumensteigerungen herrührt, werden diese Innovationen dann auch über die Jahre hinweg in den unteren Segmenten der Produktpalette angeboten.

Sowohl bei den von Zulieferern stammenden Innovationen, als auch bei den eigenen Innovationen ist die Kommunizierung des Kundennutzens wichtig. Empfehlenswert ist, dass die Innovation des Zulieferers in das Gesamtkonzept der Premiummarke hineinpasst.

Die vorgestellte Premiummarken DIS-Matrix schlüsselt das Gesamtkonzept der vier deutschen Premium-Autohersteller in unterschiedliche Dimensionen auf. Demnach sollte eine Innovation bei Mercedes die Sicherheit verbessern, während bei BMW dagegen die Sportlichkeit den Schwerpunkt der Innovationsbemühungen setzt.

Zunehmende Bedeutung der Zulieferer

Die klassische Wertschöpfungskette der Automobilindustrie, Einkauf, Produktion und Montage, findet nur noch zu einem geringen Teil unter der direkten Kontrolle der Automobilhersteller statt. Als Beispiel sind der X3 von BMW oder der Cayenne von Porsche zu nennen, die beide jeweils weniger als 20 Prozent ihrer gesamten Wertschöpfung innerhalb des Unternehmens, dessen Marke sie tragen, erfahren.

Wichtig bei der Zusammenarbeit mit Zulieferern ist die richtige Kooperationsstrategie, um Einfluss auf Preise und Qualität zu nehmen. Porsche nimmt durch das von Toyota Anfang der neunziger Jahre erworbene Kaizen-Wissen eine Vorreiterrolle bezüglich der Zusammenarbeit mit Zulieferern ein. Auch die von Wendelin Wiedeking als ehemaliger Chef des Kugellager-Automobilzulieferers Glyco gemachten Erfahrungen sind für Preisverhandlungen mit Zulieferern von unschätzbarem Wert. Des Weiteren entsendet Porsche seine Mitarbeiter zu den Zulieferern, um gemeinsam die Effizienz zu steigern und die Kosten zu senken. Die erzielten Einsparungen werden dann fair geteilt. Diese Kooperationsstrategie erhält die Finanzkraft des einzelnen Zulieferers und damit auch dessen Innovationskraft, welche für Premiummarken so wichtig ist.

In Fachpublikationen, im Wirtschaftsteil der Tageszeitungen und auf der IAA wird immer wieder thematisiert, dass die Automobilhersteller immer mehr Aufgaben und Kompetenzen an ihre Zulieferer outsourcen, wodurch sich deren Rolle wandelt und ihre Bedeutung zunimmt – gilt das auch für Premiumhersteller? In der Vergangenheit war es so, dass in der klassischen Arbeitsteilung der Automobilindustrie die komplette Produktentwicklung, bis zum kleinsten Detail, innerhalb der verschlossenen Labors der Hersteller durchgeführt wurde. Erst wenn eine Komponente komplett entwickelt und in ihrer Funktionsfähigkeit innerhalb des Gesamtproduktes getestet und bestätigt war, wurde ein exakt spezifizierter Beschaffungsauftrag an die Einkaufsabteilung gegeben, die letztlich nur noch Preisangebote abzurufen hatte. Den Zuschlag erhielt der günstigste Lieferant.

Damit war klar geregelt, dass die gesamte Entwicklungskompetenz beim Automobilhersteller, die Herstellungskompetenz aber beim Zulieferer gebündelt und angesiedelt war. Die Hersteller wiederum behielten ihr Wissen über die Produktion der Karosserie für sich – und die abschließende Montage aller Komponenten erfolgte in einem komplexen Planungs- und Logistikprozess.

Diese Vorgehensweise und Arbeitsteilung hat sich in der modernen Automobilindustrie, insbesondere bei den Premiumherstellern, geändert. Bei einem Entwicklungsprozess werden die Zulieferer bereits zu einem Zeitpunkt einbezogen, zu dem von dem zu entwickelnden Produkt noch nicht viel mehr als ein grobes Anforderungsprofil existiert. Die für die Premiumhersteller tätigen Zulieferer müssen also zusätzlich zu den weiterhin geforderten Produktionstechniken zunehmend auch Entwicklungsmethoden beherrschen und an der Entwicklung selbst mitarbeiten.

Den Kern einer Premium-Automarke bildet immer das Produkt, also das Auto, das sich über langfristige, nachhaltige und merkliche Differenzierung von den anderen angebotenen Automodellen, insbesondere von denen der engsten Wettbewerber, unterscheiden muss. Diese Differenzierung erfolgt äußerlich durch das Design und durch einzelne Produkteigenschaften oder Komponenten, welche die Gestaltung oder Nutzung des Fahrzeugs nachhaltig beeinflussen. Die Differenzierung über Produkteigenschaften ist langfristig nur zu sichern, wenn eine entsprechende technologische Kompetenz und Fähigkeit zur Realisierung von Innovationen gebündelt zur Verfügung stehen.

Somit gilt als eine der sichersten Strategien zur Aufrechterhaltung eines Wettbewerbsvorteils immer noch der Erhalt einer umfassenden technologischen Kompetenz, – ob im eigenen Unternehmen oder in Zusammenarbeit mit den Zulieferern – die den Kunden in regelmäßiger Folge als spür- und messbare Weiterentwicklungen präsentiert werden. Und da das Herz eines Automobils nun mal der

Motor ist, dessen individuellen Leistungsdaten entscheidend für das Endprodukt sind, hat bisher keiner der deutschen Premiummarken diese Kernkompetenz abgegeben, was auch in der Zukunft nicht vorstellbar ist.

Flexible und kosteneffiziente Produktion

Eine flexible und kosteneffiziente Produktion ist ein weiterer Erfolgsfaktor, der auch hinter dem Geheimnis des Erfolgs von BMW, Porsche, Audi und Mercedes steht. Diese Flexibilität reicht teilweise so weit, dass die vier deutschen Premium-Automarken manche Modelle nicht nur teilweise, sondern komplett durch die Zulieferer herstellen lassen.

So lässt Mercedes-Benz beispielsweise das CLK Cabrio bei Karmann in Osnabrück fertigen und das G-Modell bei Magna Steyr in Österreich. BMW lässt den neuen X3 ebenfalls bei Magna Steyr produzieren. Porsche lässt den größten Teil der Boxster bei Valmet in Finnland herstellen und die komplett montierte Rohkarosserie des Cayenne bei VW in der Slowakei. Audi lässt sein A4 Cabrio bei Karmann fertigen und der neue Pikes Peak Geländewagen wird künftig auch aus der Slowakei kommen.

Um das Konzept der flexiblen und kosteneffizienten Produktion besser zu verstehen, ist es erforderlich, auf drei Aspekte näher einzugehen: die Produktion, die Mitarbeiter und auf die vorherrschende Fertigungsstrategie bei den vier deutschen Premium-Autoherstellern.

Produktion

Die Automobilfabriken der Premiummarken sind typischerweise auf flexible Produktion ausgelegt, so dass nachfrageabhängig verschiedene Modelle produziert werden können. Damit unterscheiden sich die Premiumhersteller von vielen Volumenherstellern, die stärker auf Kostendegression ihrer Fabriken ausgerichtet sind und sich weniger auf Flexibilität konzentrieren, somit sehr stark vom Erfolg eines Modells abhängig sind.

Eine kosteneffiziente Produktion ist auch für Premiumhersteller ein wichtiges Ziel und gerade Flexibilität bedeutet eine bessere Kapazitätsauslastung der Produktion, weil unterschiedliche Modelle in kleineren Stückzahlen gleichzeitig produziert werden. Als ein Nachteil einer flexiblen Produktion mit geringen Kapazitäten kann es passieren, dass die Marktnachfrage zeitweise nicht mehr ohne längere Wartezeiten befriedigt werden kann. Doch ist dieses im Vergleich zu einer Überkapazität sicherlich als das kleinere Übel anzusehen und bei Premiumprodukten sind die Kunden auch bereit länger zu warten, als bei austauschbaren Volumenprodukten.

Mitarbeitereinsatz

Zu dem Erfolgsfaktor flexible und kosteneffiziente Produktion zählt bei den vier deutschen Premiumherstellern auch der flexible Personaleinsatz. Nur so können die Automarken Mercedes-Benz, BMW, Porsche und Audi bedarfsgerecht produzieren und ihre teuren Produktionsanlagen rund um die Uhr auslasten – ansonsten hätte der Standort Deutschland mit seinen hohen Arbeitskosten keine Chance mehr.

Bei Mercedes-Benz kann mithilfe von Zeitkonten die Arbeitszeit je nach Auftragslage angepasst werden. BMW hat schon seit Jahrzehnten ein Schichtsystem mit über 200 Varianten, das eine optimale Auslastung der in die Produktionsanlagen geflossenen hohen Investitionen durch Mehrschichtbetrieb und Wochenendarbeit ermöglicht.

Die vier deutschen Premium-Autohersteller setzen ihre Arbeitskräfte nicht nur zeitlich, sondern auch inhaltlich flexibel ein. Inhaltliche Flexibilität heißt, dass sich durch umfassende Ausbildung qualifizierte Mitarbeiter an unterschiedlichen Stellen im Produktionsprozess einsetzen lassen. Einerseits hat diese Strategie den Vorteil, die Monotonie des täglichen Arbeitsablaufes zu verringern, andererseits erleichtert sie auch kurzfristige Planungsänderungen in der Produktion. BMW hat die räumliche Nähe seiner Werke zueinander bewusst gewählt. Durch die Nähe der Werke hat BMW die Möglichkeit, je nach Bedarf die Arbeitskräfte auch an unterschiedlichen Produktionsstandorten einzusetzen und nimmt im zeitlich und räumlich flexiblen Mitarbeitereinsatz sicher eine Führungsposition ein.

Fertigungsstrategie

Zu der flexiblen Produktion und dem flexiblen Arbeitskräfteeinsatz kommt noch ein dritter Aspekt hinzu, die Nutzung gleicher Teile, insbesondere von Motoren, Getrieben und Plattformen. Diese in der Produktion der deutschen Auto-Premiumhersteller vorherrschende Fertigungsstrategie spart einerseits Entwicklungskosten und macht andererseits auch die Produktion unterschiedlicher Modelle auf dem gleichen Fliessband einfacher.

So wichtig eine Fertigungsstrategie, die auf der Nutzung gleicher Teile basiert, auch für eine flexible und kosteneffiziente Produktion ist, ist es ebenso wichtig, dass dies für die Kunden optisch nicht wahrnehmbar ist und sich die Automodelle deutlich voneinander unterscheiden.

Dieses gilt insbesondere für den Fall, dass ein Premiumhersteller gleiche Teile bezieht und verwendet wie ein Volumenhersteller. Beispiele hierfür gibt es genügend. So teilt sich der Porsche Cayenne mit dem VW Touareg die Plattform, der Audi TT mit dem Golf, die ausgelaufene BMW 5er-Reihe mit dem Rover 75 und der ausgelaufene Mercedes-Benz SLK mit dem Chrysler Crossfire. Zwar stellt das Vorgehen grundsätzlich kein Problem dar, doch muss die Kommunikation so gesteuert werden, dass der Premiumkunde auch weiterhin bereit ist, einen Premiumpreis für die Premiumprodukte zu zahlen und sich deshalb das Premiumprodukt klar vom Volumenprodukt unterscheiden muss.

Kapitel 9
Die Herausforderungen
für Premiummarken

Innovationsfähigkeit spielt eine wichtige Rolle bei der Etablierung einer Premium-Automarke Doch gilt es dann sofort Innovationen vor Nachahmung zu schützen, denn der Konkurrenzdruck ist in der Automobilindustrie groß. Neben dieser Herausforderung gibt es weitere, denen sich die Premiummarken erfolgreich stellen müssen (siehe Abbildung 9-1).

- (1) Innovation – Fortschritt gegenüber Zuverlässigkeit

- (2) Konkurrenz – Kopiert werden gegenüber kopieren

- (3) Wachstum – Markenüberdehnung gegenüber Markenexpansion

- (4) Bedürfnisausgleich – Regulieren gegenüber Innovieren

- (5) Überflussgesellschaft –Sparen gegenüber Konsumieren

Abb. 9-1 Die Herausforderungen für Premiummarken sind nicht zu unterschätzen

Innovation – Fortschritt gegenüber Zuverlässigkeit

Die zunehmende Elektronisierung von Premiumautos hat den Vorteil, dass diese immer sicherer, sportlicher und komfortabler werden, aber gleichzeitig den Nachteil, dass sie dadurch auch anfälliger für Störungen aller Art werden. Das können Teilausfälle sein, die das gesamte Auto stilllegen, oder Kommunikationsprobleme zwischen den verschiedenen elektronischen Einheiten.

Mittlerweile ist das Problem von allen Premiumherstellern erkannt worden. Durch Festsetzung einheitlicher Standards und Entwicklung einer eigenen Prüfsoftware wird sichergestellt, dass die Elektronik stabiler und zuverlässiger ist. Die Hersteller haben erkannt, dass ohne eine Vereinheitlichung bestimmter technischer und elektronischer Komponenten die Komplexität der Entwicklung nicht mehr zu kontrollieren ist. Andererseits ist auch klar geworden, dass ein Rückschritt, weg von der Elektronik, nicht mehr möglich ist, sondern stattdessen die elektronischen Systeme einen immer größeren Anteil am Wert und der Funktionalität der Autos einnehmen.

Im April 2004 hat Mercedes-Benz-Chef Jürgen Hubbert beschlossen, dass in Zukunft die Weiterentwicklung von Elektronikteilen eines neuen Mercedes-Modells mehrere Monate vor Produktentwicklungsende abgeschlossen sein muss. Zu oft haben die Entwickler einzelner elektronischen Baugruppen noch bis zum letzten Augenblick ihre Produkte verbessert, was sich aber negativ auf die Kompatibilität einzelner Baugruppen ausgewirkt hat. Darunter hatte gerade in den letzten Jahren die legendäre Zuverlässigkeit von Mercedes gelitten, was viele Stammkunden verärgerte. Auch die Anzahl der nicht benötigten elektronischen Funktionen wird bei Mercedes drastisch reduziert.

Jürgen Hubbert fasst das Problem und seine Lösung wie folgt zusammen: »Wir alle haben die Komplexität der Interaktionen zwischen den elektronischen Systemen im Fahrzeug möglicherweise unterschätzt. Wir wissen, dass es keine Abkehr von der Elektronik gibt. Unser Ziel ist es, das Auto in Summe bedienungsfreundlicher und noch zuverlässiger zu machen. Wir müssen die Technik genauso sicher beherrschen lernen, wie wir es bei der Mechanik getan haben. Daher arbeiten wir mit höchstem Druck und höchster Intensität daran, die Herausforderung des zunehmenden Elektronik-Einsatzes im Auto zu meistern. Wir reden hier über ein Branchenthema, das die gesamte Autoindustrie angeht und nicht nur Mercedes-Benz beschäftigt. Wir haben diese Aktivitäten jetzt in einem Bereich gebündelt, um sicherzustellen, dass wir die bestmögliche Systemzuverlässigkeit bekommen.«

Auch Audi-Chef Martin Winterkorn hat mit Elektronikproblemen zu kämpfen, an deren Beseitigung Audi arbeitet: »Eines ist klar: Das Tempo beim Elektronik-Fortschritt dürfen wir auf keinen Fall verlangsamen. Zugleich dürfen Qualitätsmängel für Audi kein Thema sein. Wir haben inzwischen den Absicherungsaufwand verdreifacht, es sind auch viel mehr kundennahe Erprobungsfahrzeuge im Einsatz. Denn bei so viel miteinander kommunizierenden Steuergeräten lassen sich manche Risiken am besten auf empirischem Weg aufspüren.« Audi-Produktionsvorstand Jochem Heinzmann erklärt, wie Audi die Elektronikprobleme in den Griff bekommt: »Wenn es Probleme gibt, dann allenfalls mit der Elektronik und das auch immer seltener. Dennoch ist das Grund genug für uns, auch hier mehr eigenes Know-how aufzubauen, nicht nur in der Entwicklung, sondern auch in der Fertigung. Wenn mehr als 80 Prozent der Innovationen im Automobilbau aus der Elektronik kommen, führt für einen Premiumhersteller wie Audi gar kein Weg daran vorbei, darin firm zu sein und mit eigenen Entwicklungen Trends zu setzen.«

BMW hat in der Forschung und Entwicklung im elektronischen Bereich kräftig investiert und im Verlauf der letzten drei Jahre 1 500 neue Mitarbeiter eingestellt, die sich allein um elektronische Innovationen und deren Weiterentwicklung und Zuverlässigkeit kümmern.

Porsche ist mit einem hohen Fremdfertigungsanteil von 80 Prozent und mehr sehr stark von seinen Zulieferern abhängig und verfolgt daher eine Strategie der engen Zusammenarbeit. Beispielsweise werden Porsche-Mitarbeiter entsandt, um in Kooperation mit den Zulieferern Probleme zu lösen, Kosten zu senken oder die Zuverlässigkeit und Qualität zu erhöhen – auch bei der Elektronik.

Wichtig ist, dass in der Zukunft der Ausfall einer elektronischen Baugruppe nicht die Fahrfähigkeit des gesamten Autos lahm legt, sondern lediglich einen Teilabsturz darstellt, so wie wir heutzutage nach langen und harten Lehrjahren bei PCs gewohnt sind, dass ein Programmabsturz nicht gleich das ganze Betriebssystem stilllegt.

Um die Herausforderung der Elektronik erfolgreich zu meistern und Innovationen zu präsentieren, die zuverlässig funktionieren, ist es unumgänglich, dass Premiumhersteller mit ihren Zulieferern eng kooperieren. Wie schon erwähnt haben sich Audi, BMW und Mercedes-Benz in der neuen Vereinigung AUTomotive Open System ARchitecture (AUTOSAR) zusammengeschlossen, um mit Zulieferern wie Bosch, Continental und Siemens gemeinsame Standards für die Bordelektronik zu finden. Zielsetzung ist, die Elektronik stabiler und zuverlässiger zu machen, wobei es wichtig ist, dass es genügend Raum für Innovationen gibt, mit denen jede Premiummarke jeweils in der für sie wichtigen Dimension Fortschritte erzielen kann. Denn der Premiumkunde hat eine bestimmte Erwartungshaltung und dazu zählt besonders, dass ein neues Premiumprodukt dem alten überlegen ist – besonders in der Zuverlässigkeit.

Konkurrenz – Kopiert werden gegenüber kopieren

Vereinfacht ausgedrückt, wird der Erfolg eines Unternehmens durch das Wachstum des Umsatzes und der Gewinne abgebildet. Konkurrenzunternehmen beobachten aufmerksam die Wachstumsentwicklung und versuchen, die dahinter stehende Strategie zu entschlüsseln. Wenn das Unternehmen nicht weiter innoviert, führt dies zu einer Minderung seines Führungsanspruches und über kurz oder lang zur Minderung seines Erfolgs.

Erfolgreiche Strategien werden von der Konkurrenz kopiert

Dieses Phänomen wird von uns als »strategischer Replikationseffekt« bezeichnet, da eine erfolgreiche Strategie repliziert wird. Ein Beispiel hierfür ist der Erfolg von BMW und Mercedes auf dem amerikanischen Markt Anfang der neunziger Jahre, der dann von den japanischen Autoherstellern kopiert wurde. Bis dato waren die japanischen Massenhersteller Toyota, Nissan und Honda noch nicht in den Premium- beziehungsweise Luxusmarkt eingedrungen. Das änderte sich und Toyota beispielsweise brachte die Luxusmarke Lexus auf den amerikanischen Markt, die beachtliche Erfolge erzielt.

Lexus ist auch ein Beispiel dafür, dass die Konkurrenz nicht nur Produkte von Premiummarken kopiert, sondern auch bevorzugt ehemalige Mitarbeiter von Premiumherstellern abwirbt, um hinter das Geheimnis des Erfolgs dieser Premiummarken zu schauen. Hier gilt es für die Premiumhersteller, ihre besten und wichtigsten Mitarbeiter zu identifizieren und im eigenen Unternehmen zu halten, anstatt sie an die Konkurrenz zu verlieren.

Erfolgreiche Strategien nicht nur kopieren, sondern interpretieren

Das Kopieren einer Strategie reicht nicht aus, um eine Premiummarke mit Führungsanspruch zu kreieren. BMW-Chef Panke fasst das so zusammen: »Wer nur kopiert, wird es schwer haben, in Führung zu gehen.«

Dass der strategische Replikationseffekt nicht nur bei Premiummarken untereinander vorzufinden ist, zeigt das Beispiel Chrysler. Unter dem Management von Lee Iacocca hatte Chrysler das neue Marktsegment der Multi Purpose Vehicles (Minivans) mit beispielsweise dem Voyager geschaffen. Die Geländewagen der Marke Jeep, einer Tochtergesellschaft von Chrysler, bescherten Chrysler Rekordgewinne durch steuerliche Anreize bei der Abschreibung von Geländewagen in den USA und durch die wachsende Popularität dieser Fahrzeuge, besonders bei Frauen. Doch die Konkurrenz, aufmerksam geworden durch Chryslers hohe Gewinne, zog nach und Ende der neunziger Jahre waren die Chrysler Gewinne soweit geschmolzen, dass Chrysler sein weiteres Überleben nur durch eine Fusion mit Daimler-Benz sichern konnte.

Es stellt sich die Frage, wer die Konkurrenz war? Zu den Verfolgern der von Chrysler unter der Marke Jeep produzierten Geländefahrzeuge, insbesondere dem Jeep Grand Cherokee, zählten unter anderem Mercedes-Benz, BMW und Porsche. Seit 1997 war Mercedes-Benz mit der M-Klasse und seit 1999 BMW mit dem X5 SUV als direkte Konkurrenten in das Marktsegment des Jeep Grand Cherokee eingestiegen. 2002 kam Porsche mit seinem Cayenne hinzu. Auch wird Audi mit dem Pikes Peak, der 2005 auf den Markt kommen soll, nachziehen. Dabei ist es den Premiumherstellern gelungen, jeweils eine eigene Interpretation des Fahrzeugtyps zu entwickeln.

Es ist wichtig für eine Premiummarke, die erfolgreiche Strategie anderer nicht nur zu kopieren, sondern individuell zu interpretieren. Um Erfolg zu haben, geht es eben nicht um ein einfaches Kopieren, sondern um eine individuelle Neuinterpretation nach den eigenen Premiummarken-Werten. Die Werte, welche die vier deutschen Premium-Automarken repräsentieren, sind in der Premiummarken DIS-Matrix aufgeführt. So ist es nicht weiter verwunderlich, dass der

Porsche Cayenne wie ein Porsche aussehen musste, um das ikonen-mäßige Image im Design aufrecht zu erhalten. Auch passt in das Konzept, dass Porsche mit dem Cayenne den schnellsten Gelände-wagen der Welt baut und dieser über einen kraftvollen und durch-zugsstarken Motor verfügt. So wurde Porsches risikoreicher Schritt in ein neues Segment ein voller Erfolg, weil eben nicht nur kopiert, sondern der Geländewagen gemäß der Porsche-Markenbotschaft interpretiert und aufgeladen wurde.

Unter den vier deutschen Premium-Autoherstellern gibt es ein Gentleman's Agreement, nach dem, wenn ein neues Automodell herausgebracht wird, die Konkurrenz ein Exemplar zum Testen und Zerlegen zur Verfügung gestellt bekommt, sogar bevor das Modell auf dem Markt eingeführt wird. Hier haben die deutschen Premi-umhersteller den Vorteil, dass sie schneller und intensiver vonei-nander lernen können als die internationale Konkurrenz, was einen wichtigen nationalen Wettbewerbsvorteil darstellt.

Es ist für die vier deutschen Premium-Automarken überlebens-notwendig, sich ständig untereinander zu vergleichen, um in wich-tigen Produkteigenschaften nicht den Anschluss zu verlieren. Zum Beispiel ist das Design und Fahrverhalten von Mercedes-Benz Auto-mobilen in den letzten Jahren deutlich sportlicher geworden, um BMW-Kunden einen Markenwechsel zu vereinfachen. BMW hat bei der Diesel-Technologie mächtig aufgeholt, indem mit der AVL (Anstalt für Verbrennungskraftmaschinen) aus Graz ein kompeten-ter externer Entwicklungsdienstleister exklusiv verpflichtet wurde. Die Dieselmotoren waren lange eine Domäne von Mercedes-Benz, bis Audi mit der TDI-Technologie den Markt aufmischte. Auch ist Audi in den letzten Jahren durch den Quattro-Antrieb und starke Motoren im sportlichen Image stärker an BMW herangerückt. Die Premiumhersteller haben somit ihren Premiummarken-Status durch eigenständige Innovationen gesichert und eben nicht durch einfaches Kopieren der Premiumkonkurrenz.

Wachstum – Markenüberdehnung gegenüber Markenexpansion

Markenüberdehnung als Gefahr für den Markenkern

Durch den Markenkern wird das Wachstumspotenzial einer jeden Premiummarke begrenzt. Die Frage ist, wie weit eine Abweichung von diesem ursprünglichen Markenkern möglich ist, ohne die Marke zu überdehnen. So gab es zum Beispiel bei Porsche lange Diskussionen über den Eintritt in das Geländewagen-Segment. Porsche hat den Schritt gemeistert, weil der Cayenne sich nicht weit von dem Porsche-Markenkern entfernt hat. In der Premiummarken DIS-Matrix ist der Kern einer jeden der vier deutschen Premium-Automarken festgehalten. Porsche ist beim Cayenne in allen drei Dimensionen, das heißt Design, Innovation und Schnelligkeit, seinem Markenkern treu geblieben.

Etwas anders fällt die Beantwortung der Frage bei der A-Klasse von Mercedes-Benz aus. Passt die A-Klasse in das Mercedes Premiummarken DIS-Profil? Weder erscheint das Design klassisch-elegant, noch ist die Premiummarken-Botschaft der Exklusivität erfüllt. Auch in der Dimension Sicherheit hat die A-Klasse mit dem missglückten Elchtest nicht gut abgeschnitten. Die Verkaufszahlen des Jahres 2003 bestätigen das Bild, die A-Klasse verkaufte sich mit 150 000 Autos gerade mal halb so gut wie die C-Klasse, das nächsthöhere Modell von Mercedes-Benz. Das Beispiel der A-Klasse zeigt die Gefahren einer Markenüberdehnung.

Markenexpansion als Wachstumsspritze

Sowohl der Cayenne als auch die C-Klasse haben sich als starke Impulsgeber für das Wachstum von Porsche und Mercedes-Benz erwiesen. Eine Markenexpansion ist generell als Wachstumsspritze zu sehen, solange die Marke nicht Gefahr läuft, überdehnt zu werden. Allerdings ist es schwer abzusehen, in welche Bereiche sich Premiummarken in Zukunft entwickeln. Nach dem SUV-Segment bleiben nicht viele Segmente übrig – doch ist auch hier wieder die Innovationskraft der Premiummarken gefragt. Es ist beispielsweise schwer vorstellbar, dass sich die vier deutschen Premium-Automarken der Produktion von Pick-ups zuwenden, auch wenn es derartige Studien bei Porsche gibt.

Trotzdem bleibt festzuhalten, dass nachhaltiges Volumenwachstum nur durch die Erweiterung des Produktportfolios zu erzielen ist. Es bleibt deshalb der Kreativität und Innovationsfähigkeit der Hersteller überlassen, immer wieder neue Segmente zu identifizieren beziehungsweise zu kreieren, mit denen neue Kundengruppen angesprochen werden. Damit aber befinden sich die Premiumhersteller in einem strategischen Dilemma, denn einerseits ist fortwährende Markenexpansion erforderlich, um die Chance auf weiteres Wachstum zu wahren, andererseits erhöht die wachsende Vielfalt des Produktangebotes die entwicklungs- und fertigungstechnische Komplexität in überproportionalem Maß. Zusätzlich besteht die Gefahr der Markenüberdehnung, wodurch langfristig der Kern eines Markenbildes ausgehöhlt und der Premiumanspruch verloren gehen kann.

Grundlage einer strategisch sinnvollen Portfolioexpansion muss eine detaillierte und innovative Marktsegmentierung sein, die dem Hersteller bisher möglicherweise unerschlossene Kundenpotenziale und die daraus abgeleiteten erforderlichen Produkteigenschaften aufzeigt. Die Premiumkundenorientierung zeigt sich als eigentliche strategische Leitlinie eines Premiumherstellers, wobei der Kunde nicht als statisches Objekt begriffen werden darf. Das bedingt, dass die Premiummarke selbst nicht als statisch angesehen werden darf, sondern sich entsprechend den Kunden- und Marktbedürfnissen kontinuierlich weiterentwickeln muss.

Bedürfnisausgleich – Regulierung gegenüber Innovation

Durch den vom Gesetzgeber vorgegebenen rechtlichen Rahmen werden zusätzliche Herausforderungen für Premiummarken begründet.

Porsche ist davon überzeugt, dass ein Dieselmotor ohne staatliche Förderung, beispielsweise durch niedrige Mineralölsteuer, keine Chance hätte, sich auf dem Markt zu halten und führt als Beispiel die Schweiz und die USA an, wo der Dieselanteil unter 10 Prozent liegt. In Frankreich dagegen, wo weltweit die meisten Dieselautos verkauft werden, und in Österreich, das weltweit den höchsten prozentualen Dieselanteil bei Neuwagenverkäufen aufweist, sowie in vielen anderen westeuropäischen Ländern werden Diesel-betriebene Autos stark gefördert. Für Audi ist die staatliche Förderung des Diesels ein großer Vorteil. Durch die Entwicklung der sparsamen und durchzugstarken TDI-Motoren hat Audi in Österreich einen vergleichsweise hohen Marktanteil erreichen können.

Eine staatliche Regulierung kann aber auch Innovationen verhindern, sodass Premiummarken erst einmal den Gesetzgeber von der Unbedenklichkeit einer neuen Technologie überzeugen müssen, bevor die Innovation auf den Markt gebracht werden kann. Beispielsweise musste BMW erst die Genehmigung der europäischen Behörden einholen, bis das mit zwei Helligkeitsstufen ausgestattete Bremslicht 2004 auf dem europäischen Markt eingeführt werden durfte. Die zwei Helligkeitsstufen dienen dazu, dass bei einer Vollbremsung ein stärkeres Licht aufleuchtet, als wenn nur leicht gebremst wird.

Gute Kontakte zu den Regulierungsbehörden in Deutschland, Europa und auch weltweit sind ein wichtiger Faktor, um den gesetzlichen Rahmen nicht zum Stolperstein für Innovationen werden zu lassen. Burkhart Göschel, Entwicklungsvorstand von BMW, hat sich im Frühjahr 2004 öffentlich darüber beklagt, dass für den in der Entwicklung befindlichen Automobilservicefunk keine staatlichen Senderfrequenzen eingeräumt werden. Dieses Verhalten ist beispielhaft und essenziell für eine Premiummarke, denn nur mit der richtigen politischen Lobbyarbeit werden Freiräume für Premiuminnovationen geschaffen, von deren Vorteile wir heute nur träumen können: Auto melden automatisch per Funk Staus oder alarmieren über diesen Weg die Rettungsdienste bei einem Unfall.

Nicht nur staatliche Regulierungen haben Vor- und Nachteile, sondern auch die Innovationen selbst können neben Vorteilen auch mit Nachteilen verbunden sein. Die Premiumhersteller haben dafür zu sorgen, dass es einen fairen Ausgleich zwischen Leistung einerseits und Verbrauch und Abgasen andererseits gibt. Um staatlichen Regulierungen zuvorzukommen, haben sich die europäischen Automobilhersteller, die unter dem Dachverband Association des

Constructeurs Européens d' Automobiles (ACEA) organisiert sind, einer freiwilligen Selbstverpflichtung unterworfen, die durchschnittlichen CO_2-Emissionen der von ihnen in Europa verkauften Fahrzeuge zu senken. Das gesetzte Ziele von durchschnittlich 140 Gramm Kohlendioxyd pro Kilometer entspricht einem Verbrauch von ca. 5,6 Liter Diesel bzw. knapp 6 Litern Benzin auf 100 km. Es ist also als sehr anspruchsvoll und ambitioniert zu bewerten und es ist zu befürchten, dass mittelfristig, falls dieses Ziel tatsächlich eingehalten werden sollte, das zu Lasten weitere Innovationen in anderen Bereichen außerhalb der Sparsamkeit geht.

Überflussgesellschaft
– Sparen gegenüber Konsumieren

Bei konjunkturellen Abschwüngen besteht für Premiummarken die Gefahr, von überproportionaler Kaufzurückhaltung getroffen zu werden, weil Premiumprodukte in der Regel teurer sind als die Produkte der Massenhersteller. Zu unterscheiden sind dabei aber nachfrageseitig und angebotsseitig bedingte Abschwünge.

Bei einem klassischen, nachfrageseitig bedingten Abschwung führt eine Nachfrageüberhitzung zu einer Inflation, die durch hohe Zentralbank-Zinsen bekämpft wird. Zwar versuchen die Zentralbanken durch eine feingesteuerte Zinspolitik eine Inflation in ihren Anfängen zu bekämpfen, um den daraus resultierenden wirtschaftlichen Abschwung zu vermeiden, doch gelingt das nicht immer. Hohe Zinsen aber sind Gift für den Absatz von Premiumautos, da sich die Finanzierungskosten dadurch drastisch erhöhen.

Der durch Angebotsüberhang, Börsencrash und restriktive Kreditvergabepolitik der Banken bedingte angebotsseitige Abschwung ist für die deutschen Premium-Automarken aufgrund des damit normalerweise verbundenen niedrigen Zinsniveaus vorteilhafter als ein nachfrageseitig bedingter Abschwung. Durch das niedrige Zinsniveau bleiben neben den Kreditfinanzierungskosten für Premium-Autohersteller auch die durch das Zinsniveau beeinflussten Leasingraten der Autos niedrig. Beides führt dazu, dass die Nachfrage nach Premiumautos vom angebotsseitig bedingten Abschwung kaum betroffen ist. Allerdings ist die Aktienkapitalvernichtung durch den

Börsenabschwung zu berücksichtigen, der manche Premiummarken-Kunden um einen erheblichen Teil ihres Vermögens bringt, was auch einen negativen Einfluss auf die Nachfrage nach Premiumprodukten hat.

Es ist zu erwarten, dass der nächste Abschwung wieder ein klassischer Abschwung werden wird, mit einer höheren Inflation und den darauf folgenden höheren Zinsen. Bis dahin ist allerdings ein neuer Aufschwung der Welt- und Automobilkonjunktur zu erwarten, der den Premium-Automobilherstellern genügend Zeit zur Vorbereitung entsprechender Strategien und Maßnahmen lassen sollte.

Auch ein wieder steigender Ölpreis ist kein gutes Omen für Premiummarken, da er zu steigenden Benzinpreisen führt, mittelfristig die Inflation anheizt und damit auch das Zinsniveau hebt. Dagegen stellt die steigende Entwicklung des Euro, der sich seit der Einführung als Bargeld fast permanent gegenüber dem Dollar verteuert hat, ein erhebliches Problem für die vier deutschen Premiumhersteller dar.

Bisher haben nur BMW und Mercedes-Benz eine natürliche Wechselkursabsicherung durch die Produktion im wichtigen Exportmarkt USA aufgebaut. Beide wollen in den nächsten Jahren auch ihre Produktion in den USA deutlich ausbauen. Audi hingegen hat sich trotz des vom Vorstandsvorsitzenden Paefgen geforderten Standorts in den USA nicht bei der Konzernmutter VW durchsetzten können und muss nun unter dem hohen Eurokurs leiden. Eine kurzfristige Möglichkeit, die Schwankungen des Wechselkurses abzufangen, wäre die Nutzung der Volkswagen-Fabrik im mexikanischen Puebla, die zur Produktion der auf der neuen Golf-Plattform basierenden Fahrzeuge ausgebaut wird. Da sich Audi zukünftig mit dem A3 und insbesondere der innovativen Sportback-Variante auf dem US-Markt positionieren möchte, wäre eine Verlagerung der Produktion nahe liegend. Porsche hat zwar keine Produktionsstätte in Nordamerika, sieht darin aber auch kein Problem, da Kundenbefragungen immer wieder darauf hingewiesen haben, dass ein Porsche als Premiumprodukt aus Deutschland kommen muss. Porsche hat sich durch eine mehrjährig fortlaufende Wechselkursabsicherung etwas mehr Luft zum Atmen verschafft.

Es ist ohne Zweifel, dass ein lang anhaltender hoher Eurokurs alle vier Premiummarken vor Probleme stellen würde, auf die man sich aber jetzt schon vorbereiten kann.

In wirtschaftlich guten Zeiten haben Premiummarken den Vorteil, dass sie genau das bieten, was Kunden mit höheren Ansprüchen nachfragen. Seit 2003 entwickelt sich in Asien zum Beispiel China zum drittwichtigsten Markt für die Spitzenmodelle Audi A8 und 7er BMW.

Insbesondere in den Industrieländern gibt es eine Reihe von Trends, die sich in der jüngsten Vergangenheit positiv auf die Nachfrage nach Premiumprodukten ausgewirkt haben. Als ein wichtiger Faktor für die steigende Nachfrage ist die demographische Verschiebung in den Industrieländern zu sehen, die bei dem immer größer werdenden Anteil älterer Bevölkerungsschichten eine immer höhere Kapitalkonzentration bewirkt. Aufgrund empirisch feststellbarer Verhaltensmuster ist damit zu rechnen, dass die zunehmende Anzahl von nicht mehr im Berufsleben stehenden Haushalten mit einer tendenziell kleinen Fahrzeugflotte (maximal zwei Fahrzeuge pro Haushalt) eher hochwertige Produkte bevorzugen werden.

Vor dem Hintergrund der Tatsache, dass der Neufahrzeugmarkt nur circa 20 bis 30 Prozent aller Fahrzeugkäufe und -verkäufe eines Jahres ausmacht und dabei nur circa 5 bis 10 Prozent der gesamten Fahrzeugflotte umsetzt, wird deutlich, dass die Schicht der Neuwagenkäufer nur einen geringen Teil der Gesamtbevölkerung eines Landes ausmacht. In den Industrieländern entfallen etwa 50 Prozent aller Neufahrzeuge auf Unternehmen beziehungsweise Firmenkunden. Die privaten Neuwagenkäufer stellen also eine wirtschaftliche Elite dar, die es sich leisten kann, auch bei anderen Anschaffungen auf Qualität, Langlebigkeit und Prestigewirkung der Güter zu achten. Porsche-Chef Wendelin Wiedeking bemerkt dazu: »Unser Einstiegsmodell ist der gebrauchte Porsche«, was auch stellvertretend für die Gebrauchtwagen der drei anderen Premiumhersteller gilt. Deshalb stellen Gebrauchtwagen und insbesondere gebrauchte Premiumfahrzeuge eine wesentliche Konkurrenz zu Neuwagen anderer Marken dar.

Der Trend der immer stärkeren Individualisierung beeinflusst die Wahrnehmung der Premiummarken zusätzlich positiv, da imagestarke und bekannte Marken eine wesentliche Komponente in der

Gestaltung von Lebenswelten einnehmen. Je stärker eine Marke, desto eher wird sie in den Blickpunkt der Wahrnehmung von stilbewussten Käuferschichten rücken.

Obwohl sich die externen Rahmenbedingungen vorteilhaft auf den Erfolg der Premiummarken ausgewirkt haben, haben sich die Hersteller nicht auf die äußeren Treiber verlassen, sondern gerade in den letzten Jahren durch massive Verbesserung der Produkte und Ausweitung der Angebotsseite zur Unterstützung des günstigen Entwicklungsverlaufs beigetragen.

Der dadurch entstehende aggressive Wettbewerb ist für die Kunden zum Beispiel mit dem Vorteil verbesserter Fahrzeugausstattungen bei hohem strukturellem Innovationstempo verbunden. Zwar sind dadurch die nominellen, das heißt nicht-inflationsbereinigten Preise der Premiumprodukte weit überproportional gestiegen, doch wurden die Premiumprodukte durch entsprechende Finanzierungsmöglichkeiten und professionelles Management der Gebrauchtwagenpreise effektiv sogar günstiger.

Möglicherweise wird in naher Zukunft der eine oder andere positive Faktor einen Rückschlag erleiden, doch sind die deutschen Premium-Automarken inzwischen so breit und effektiv aufgestellt, dass sie auch den nächsten Wirtschaftszyklus erfolgreich meistern sollten.

Kapitel 10
Erkenntnisse für andere Unternehmen und andere Industrien

Das Geheimnis des Erfolgs von BMW, Audi, Mercedes und Porsche ist einerseits zurückzuführen auf die jeweils einzigartige Positionierung in der Premiummarken DIS-Matrix in den Dimensionen Design, Innovation und Schnelligkeit, also Geschwindigkeit (Speed), als Sektor-spezifischer Faktor der Automobilindustrie.

Andererseits ist das gemeinsame Erfolgsgeheimnis der vier deutschen Premium-Automarken auch auf die fünf wesentliche Erfolgsfaktoren zurückzuführen:

(1) Aufbau und die Pflege einer innovativen und begehrenswerten Premiummarke.
(2) Einstellen und Halten der besten Talente der Industrie.
(3) Limitierung des Angebots unterhalb der Nachfrage.
(4) Enge Kooperation mit den besten Zulieferern.
(5) Flexible und kosteneffiziente Produktion.

Doch den Weg zum Erfolg einer Premiummarke nur auf das Erfüllen dieser fünf, empirisch festgestellten Faktoren beschränken zu wollen, würde noch kein vollständiges Bild abgeben. Da der Weg zum Erfolg dieser vier deutschen Premium-Automarken vielmehr ein ständig fortschreitender Prozess ist, haben wir ein Modell entwickelt, welches die wichtigsten Punkte dieses Prozesses zusammenfasst.

Die vier Fundamente einer Premiummarke

In unserem Modell basiert der Prozess, eine Premiummarke zu werden und zu bleiben auf vier Fundamenten. Jedes dieser Fundamente stellt selbst einen Teilprozess dar, und als Teil eines großen

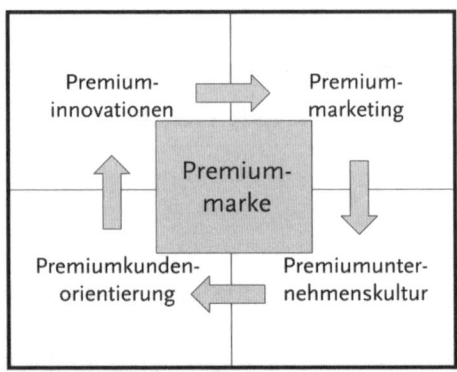

Abb. 10-1 Eine erfolgreiche Premiummarke kann auf keines der vier Fundamente einer Premiummarke verzichten

Gesamtprozesses gehen diese ineinander über (siehe Abbildung 10-1). So führt

(1) Premiumkundenorientierung zu
(2) Premiuminnovationen und diese zu
(3) Premiummarketing, was wiederum in
(4) Premiumunternehmenskultur kumuliert.

Premiumkundenorientierung: ein fokussierter Prozess

Bei einer Premiummarke steht am Anfang immer die Orientierung an einer klar fokussierten Premiumkundengruppe. Wie die deutschen Premium-Autohersteller zeigen, kann eine Premiummarke nur dann dauerhaft Erfolg haben, wenn die Marke in einer dem Premiumkunden wichtigen Dimension immer wieder herausragend ist. Das bedeutet, der Premiumkundennutzen muss immer im Vordergrund stehen.

»Let the customer be the judge« – für keine anderen Produkte gilt diese Grundregel so stark wie für Premiumgüter, da schon das Grundprinzip des Premium nur aufgrund der kundenseitigen Entscheidung über den Mehrwert des Angebots definiert ist. Die Premiummarken zeigen deshalb auch die stärkste Kundenorientierung, was sich aber keineswegs immer in großen Marktforschungs- oder Werbebudgets ausdrückt, sondern eher in der engen Verzahnung von Produktangebot, Marketing und Service, um eine lückenlose Rückkopplung zwischen Unternehmen und Kunde sicherzustellen. Zusätzlich muss garantiert sein, dass ein erstmalig auftretendes Problem in der Kundenbeziehung keinesfalls wiederholt wird, sondern auf seine Ursachen untersucht und vollkommen abgestellt wird. Daraus ist deutlich erkennbar, dass das eigentliche Produkt eines Premiumherstellers die Premiumkundenzufriedenheit ist.

Im Zuge der Kundenbeziehung wird mit der Zeit jeder Aspekt des Unternehmens, sei es bezüglich der Produkte oder der Prozesse, kritisch beleuchtet, sodass eine effizient betriebene Kundenorientierung eine wesentliche Ergänzung zum internen Qualitätssicherungssystem ist. Premiumhersteller dürfen das Management der Kundenbeziehungen nicht ausschließlich einem eher umsatzorientierten Vertriebsbereich überlassen, sondern sollten es strukturell mit der Qualitätssicherung integrieren. Eine so verstandene Kundenorientierung bietet nicht nur dem Kunden die Garantie maximaler Berücksichtigung seiner Bedürfnisse, sondern auch dem Unternehmen den ständigen Anreiz zur Verbesserung der Geschäftsprozesse und der Produkte.

Die Premiumkundenorientierung ist eine fokussierter Prozess, der sich idealerweise nur auf den Kundennutzen von Premiumkunden einstellt. Hier gilt es, genau festzulegen, wie der Premiumkundennutzen definiert ist, für den der Kunde bereit ist, einen Premiumpreis zu zahlen. Die Premiumkundenorientierung deckt sowohl die objektiven als auch die subjektiven Kundenbedürfnisse ab. Während Volumenhersteller mit ihren Produkten eher objektive Bedürfnisse abdecken, sind Luxusmarken eher auf subjektive Bedürfnisse ausgerichtet. Premiummarken sind deshalb so erfolgreich, weil sie sowohl objektive Bedürfnisse befriedigen als auch subjektive Bedürfnisse erfüllen (siehe Abbildung 10-2).

Die Frage ist, ob die Bedürfnisse des Premiumkunden eher explizit vorliegen, das heißt ob der Kunde sie jederzeit auch verbal ausdrücken kann, oder ob sie weitgehend implizit sind, und erst durch entsprechende Produktangebote und Überzeugungsarbeit in tatsächliche Nachfrage umgeformt werden müssen.

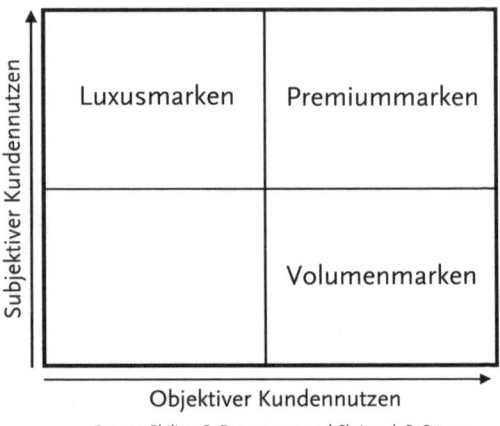

Abb. 10-2 Premiummarken kombinieren subjektiven und objektiven Kundennutzen zusammen, und nicht nur einen von beiden

Premiuminnovationen: ein selbstverstärkender Prozess

Zunächst ist das Konzept Premium selbst als eine Innovation zu sehen, da es die sich grundsätzlich widersprechenden Konzepte Luxus und Funktionalität zu einer immer wieder neu zu definierenden Synthese verbindet. Premium lässt sich als »luxuriös übersteigerte Funktionalität« definieren, wobei unter »Luxus« der unmittelbare sinnliche Eindruck zu verstehen ist. Eine bis in den Bereich des übersteigerten sinnlichen Erlebens ausgeprägte Funktionalität ist also Premium – »beseelte« Rationalität, wenn man so will. Premiumprodukte verbinden die Elemente vollendeter Funktionalität mit sinnlichem Erlebnisgehalt.

Als ein Beispiel kann der Mercedes-Benz SLK gelten, der 1996 eine wahre Revolution nicht nur des Roadster-Segments, sondern der gesamten Automobilindustrie auslöste. Der SLK verbindet sinnliches Erleben, eine der herausragenden Eigenschaften eines offenen Fahrzeugs, mit einzigartiger technischer Funktionalität, dem versenkbaren Stahldach, das gegenüber allen Stoffdächern enorme Vorteile in denjenigen Dimensionen aufweist, die üblicherweise als Argumente gegen den Erwerb eines offenen Fahrzeugs sprechen. Die Verkaufszahlen von bis zu 56 000 Einheiten pro Jahr übersteigen alle Erwartungen und sprechen für sich.

Wie auch die Innovation des SLK-Daches zeigt, darf Innovation im Zusammenhang mit Premiumprodukten nicht nur als Hightech um jeden Preis verstanden werden. Die Technologie des SLK-Daches war seit den zwanziger Jahren bekannt, und ist für die Neuauflage lediglich mit elektronischer Regelung und Sicherheitstechnik versehen worden.

Grundsätzlich ist bei Premiuminnovationen darauf zu achten, dass sie sich in einer konkreten Nutzenverbesserung, ohne gleichzeitige Verschlechterung irgendeiner anderen Produkteigenschaft, äußern. Premiumhersteller müssen sich bei Premiuminnovationen auf effektive Nutzen- und Eigenschaftsverbesserungen konzentrieren, durch einerseits reine Technologieinnovationen, wie besonders bei Mercedes und Audi, oder Konzeptinnovationen, wie besonders bei BMW und Porsche.

Die Premiuminnovation einer Premiummarke, sei es ein Produkt oder eine Dienstleistung, muss einen zusätzlichen Premiumkundennutzen bringen, zumindest aber zu einer Befriedigung der Kundenbedürfnisse beitragen. Die Premiuminnovation beruht auf einen sich selbst verstärkenden Prozess, der mit der Premiuminnovation anfängt, der dann die Premiumunternehmenskultur beeinflusst, die wiederum die Premiuminnovationen antreibt. Dazwischen liegt allerdings noch ein Schritt, der mindestens 50 Prozent des Erfolgs einer Premiummarke ausmacht, nämlich das Premiummarketing.

Premiummarketing: ein balancierter Prozess

Warum ist für eine Premiummarke das Premiummarketing so wichtig? Premiummarketing muss einen entscheidenden Beitrag dazu leisten, der zu einer Premiummarken-Wahrnehmung führt. Wichtig ist hier, dass man sich beim Premiummarketing ausschließlich auf positiv besetzte Werte stützt. Nichts ist schädlicher für eine Premiummarke als ein Marketing, das die Premiummarke durch negative Assoziationen beeinträchtigt.

Innovation und Marketing von Premiummarken müssen ausgewogen sein. Eine wesentliche Erkenntnis der im Anhang zusammengefassten theoretischen Untersuchungen besteht darin, dass die Premiumfähigkeit gar nicht notwendigerweise nur in einem Produkt selbst angelegt ist, sondern vielmehr sämtliche Eigenschaften umfasst, die dem Produkt nur direkt oder indirekt zugeordnet sind – anders ausgedrückt, die dem Produkt durch das Marketing zugeschrieben werden.

Noch knapper formuliert, kann gesagt werden: »Premium ist geldwertes Marketing« – natürlich unter einer sehr weit gefassten Marketingdefinition, die von einer stringenten Unternehmensidee aus die entsprechenden Kundengruppen identifiziert, ein strategisches Produktportfolio aufbaut, die entsprechenden Kompetenzen beschafft, und schließlich das Unternehmen und seine Produkte zielgruppenkonform präsentiert und vermarktet.

Die Konzeptionen Premiummarketing und Premiuminnovation bedingen einander gegenseitig und sind ohne die Berücksichtigung dieser Abhängigkeiten gar nicht denkbar. Das erklärt auch, weshalb gerade diejenigen Unternehmen, deren Produkten man besonders überzeugende Eigenschaften zuschreibt, besonders hohe Kommunikationsbudgets haben.

Das Besondere am Premiummarketing ist, sich sowohl auf die Eigenschaften des beworbenen Premiumprodukts zu konzentrieren, als auch die nicht-produktbezogenen Dimensionen zu beleuchten – sei es Premiumservice, Garantie, Händlernetz oder eben das Premiummarkenimage.

Premiumunternehmenskultur: ein aufbauender Prozess

Am Anfang des Aufbaus einer Premiummarke steht meistens ein Unternehmer oder ein Team von Unternehmern, welche die innovative Unternehmenskultur einer Premiummarke begründen und formen. Mit der Zeit bildet sich dann aus den erfolgreichen Premiuminnovationen und der Geschichte der Premiummarke eine eigene Premiumunternehmenskultur. Bei erfolgreichen Premiummarken ist die Unternehmenskultur so stark, dass diese diejenigen Mitarbeiter anzieht, die sich mit der innovativen Premiumunternehmenskultur identifizieren und in ihrem Sinne handeln.

Kurzum, am Anfang einer Premiummarke kommt es darauf an,

die Premiummarke zu formen, was meist dem Gründer oder den Gründern zufällt. Es ist aber nicht ausreichend, wenn die Unternehmenswerte nur durch eine einzelne Person verkörpert werden, sondern sie müssen als verbindliche Grundlage des unternehmerischen Handelns auf allen Ebenen und in allen Funktionen gelebt werden.

Dazu ist Kommunikation, Vertiefung und regelmäßige Verstärkung der Unternehmenswerte erforderlich. Die Kunst beim Etablieren und Formen der Unternehmenswerte ist ihre aktive Umsetzung in eine Premiumunternehmenskultur, welche die Grundwerte für jeden Mitarbeiter formell und informell spürbar macht. Premiumunternehmen betreiben eine eher konservative Personalpolitik und achten auf eine längere Verweildauer der Mitarbeiter. Insbesondere auf den Führungsebenen werden Personalentscheidungen auch im Hinblick auf die unternehmenskulturelle Integrations- und Kommunikationsfähigkeit getroffen.

Die Premiumunternehmenskultur nimmt wiederum entscheidenden Einfluss auf die Premiumkundenorientierung, die Premiuminnovationen und das Premiummarketing und wird ihrerseits auch von diesen drei Fundamenten einer Premiummarke rückkoppelnd beeinflusst.

Premiummarken – Beispiele aus anderen Industrien

Beispiele für erfolgreiche Premiummarken finden sich neben der Autoindustrie auch in anderen Industrien. Herausgegriffen sind im Folgenden bei den Sportartikelherstellern die Beispiele Callaway Golf und Nike, in der Uhrenindustrie Lange & Söhne und Franck Muller als auch Trumpf als Vertreter der Maschinenbauindustrie. Alle diese Unternehmen starteten mit wichtigen Premiuminnovationen, die einen deutlichen Premiumkundennutzen brachten, und wurden mit dem richtigen Premiummarketing und der eigenen Interpretation der Premiumunternehmenskultur zu erfolgreichen Premiummarken in ihrer Industrie.

Sportartikelindustrie: Callaway Golf und Nike

Als der Golfschlägerhersteller Callaway den Big Bertha-Schläger entwickelte, dachte er an den Premiumkundennutzen, mehr Spaß am Golf durch höhere Fehlertoleranz für Driver, ursprünglich Holzschläger für weite Distanzen, zu vermitteln. Um diese erklärungsbedürftige Innovation richtig zu vermarkten, wurden die Big Bertha Schläger über Pro-Shops, das heißt den Läden auf den Golfplätzen, verkauft. Einige herausragende professionelle Tourniergolfer wurden mit Callaway ausgerüstet, um den Produktnutzen durch Tourniersiege zu demonstrieren.

Callaway hat dann eine Premiumunternehmenskultur daraus gemacht, den Premiumkundennutzen mehr Spaß beim Golfspielen auch auf Eisenschläger und sogar Bälle auszudehnen. Mit immer neuen Premiuminnovation hat es Callaway verstanden, innerhalb von wenigen Jahren eine führende Golfausrüster-Marke zu werden.

Ein anderes Beispiel aus der Sportartikelindustrie ist Nike. Der amerikanische Hersteller von Sportschuhen hatte mit seinen patentierten Luftkissenschuhen, »Nike Air« genannt, durch die Federung einen Komfort erreicht, den es bisher bei Sportschuhen nicht gab. Der Kundennutzen dieser Premiuminnovation wurde durch ein erfolgreiches Premiummarketing mit Sportgrößen wie dem Basketball Star Michael »Air« Jordan demonstriert. Nike konnte so den Premiumpreis für seine Schuhe rechtfertigen und hat sich heutzutage als allgemeiner Sportausrüster etabliert.

Eine aktuelle Premiuminnovation von Nike ist der Shox Sportschuh, der im Absatz vier Sprungfedern hat, die den Fuß noch besser abfedern lassen. Hier allerdings hat sich das Marketing etwas zu sehr auf Lifestyle fokussiert, anstatt auf den Premiumkundennutzen, dass der Läufer mit dem Shox Schuh beim Laufen extrem gut abgefedert wird, was die Gelenke schont und daher Gelenkschmerzen vermeidet. Dieser wichtige Premiumkundennutzen wurde allerdings im Marketing gar nicht herausgestellt. Um Nike als Premiummarke zu erhalten, ist notwendig, dass die Premiumunternehmenskultur hier in der Zukunft korrigierend eingreift, um ein abdriften in eine Luxusmarke zu verhindern, denn auch die Konkurrenz sorgt für immer besseren Laufkomfort und hat gute Werbung.

Uhrenindustrie: Lange & Söhne und Franck Muller

Die Premiummarke Adolf Lange & Söhne aus Glashütte in Sachsen ist eines der erfolgreichsten Beispiele für die Wiederbelebung einer Premiummarke nach der deutschen Wiedervereinigung. Im Gegensatz zu Rolex, die seit der Premiuminnovation der automatischen Armbanduhr in den zwanziger Jahren zu einer, wenn auch recht erfolgreichen, Luxusmarke geworden ist, hat sich Lange & Söhne mit Premiuminnovationen wie der Großdatumsanzeige wieder einen festen Platz in der Hierarchie der besten Uhrenhersteller gesichert. Das Wissen, wie man eine Premiummarke in der Uhrenindustrie führt, kam vom ehemaligen Chef der Schweizer International Watch Co. (IWC) in Schaffhausen, Günter Blümlein, der sich bei Lange & Söhne neu engagiert hatte. Er kannte die Premiumkundenbedürfnisse in der Uhrenindustrie, wusste, welche Premiuminnovation und welches Premiummarketing nötig waren, um die Lange & Söhne-Uhren als Premiummarke mit der richtigen Premiumunternehmnenskultur wieder zu beleben.

Franck Muller hingegen ist eine relativ junge Premiumuhrenmarke. Franck Muller war Meisterschüler in Genf, als die meisten Leute nicht mehr an die Zukunft der Schweizer Uhrenindustrie glaubten. Als bester Schüler seines Jahrgangs erhielt Muller einen Uhrenbaukasten von Rolex. Anstatt diese Uhr einfach zusammenzubauen, modifizierte er alle Teile in Handarbeit und machte daraus eine komplizierte und aufwändige Armanduhr – eine Grand Complication. Rolex allerdings war davon nicht beeindruckt, denn eine Rolex soll mit möglichst wenig Teilen auskommen, um zuverlässig zu sein.

So gründete Franck Muller seine eigene Uhrenmanufaktur und ist heute anerkannter Meister der Complication, einer echten Premiummarke der technisch komplizierten, mechanischen Uhren. Er hat mit seiner Premiumkundenorientierung innovative, mechanische Premiumuhren entwickelt und bringt jedes Jahr mindestens eine Premiuminnovation auf den Markt. Dazu zählt zum Beispiel auch die so genannte Masterbanker Uhr mit drei Zeitzonen oder eine Uhr, die einem Spielbankbesucher eine Roulettezahl vorschlägt – Innovationen, die sich aus den Wünschen seiner Premiumkunden abgeleitet haben.

Maschinenbauindustrie: Trumpf

Der deutsche Werkzeugmaschinenhersteller Trumpf wurde von Berthold Leibinger zu einem innovativen Premiumunternehmen entwickelt, das international in der erste Liga mitspielt. Als Leibinger bei Trumpf Konstruktionsleiter war, hatte er heimlich eine Premiumwerkzeugmaschine entwickelt, die fünfmal teurer war als die bisher teuerste Werkzeugmaschine von Trumpf. Diese Werkzeugmaschine war die erste Werkzeugmaschine, die zur Materialbearbeitung Laser einsetzte. Der Kundennutzen war eine neue Präzision und Zuverlässigkeit, die es bisher noch nicht gegeben hatte. Zwar war der Trumpf-Vorstand davon überzeugt, dass eine solche Maschine zum Flop verdammt sei, doch machte Leibinger aus dieser Werkzeugmaschine den Kern des Erfolgs der Premiummarke Trumpf.

Trumpf ist heute einer der führenden Werkzeugmaschinenhersteller der Welt und hat dank seiner Premiumunternehmenskultur bei der Laserbearbeitung eine absolute Spitzenstellung. Trumpf sagt heute über sich selbst: »Die Entwicklung neuer Verfahren und leistungsfähiger Maschinen, die rasche Umsetzung von technischen Gedanken in anwenderorientierte Innovationen, hohe Qualitätsansprüche und zuverlässige Betreuung der Kunden kennzeichnen Trumpf.«

Premiummarken – ein Fazit

Was können andere Unternehmen, auch aus anderen Industrien, von dem erfolgreichen Entwicklungsverlauf der vier deutschen Premium-Automarken Porsche, Mercedes-Benz, Audi und BMW in den letzten zehn Jahren lernen? Was ist das Geheimnis des Erfolgs einer Premiummarke? Woher kommt Premium Power?

Wie bereits ausführlich erläutert, machen drei Aspekte das Geheimnis des Erfolgs von BMW, Mercedes, Porsche und Audi aus, von denen auch Unternehmen anderer Industrien lernen können.

Als erstes ist die jeweils einzigartige Positionierung in der von uns entwickelten Premiummarken DIS-Matrix mit den Dimensionen Design, Innovation und dem Sektor-spezifischen Faktor zu nennen. In der Automobilindustrie ist letzterer Schnelligkeit, also

Geschwindigkeit oder Speed, und muss natürlich in anderen Industrien auf den entscheidenden Sektor-spezifischen Faktor angepasst werden.

Als Autoindustrieexperten wollen wir die Identifizierung und Anwendung der Premiummarken DIS-Matrix in anderen Industrien den jeweiligen Industrieexperten überlassen. Unsere Vorschläge für den Sektor-spezifischen Faktor in der Golfausrüsterindustrie sind zum Beispiel Treffergenauigkeit oder für die Sportschuhindustrie zum Beispiel Leistungssteigerung.

Zweitens sind die Erfolgsfaktoren einer Premiummarke, die wir analysiert und zusammengestellt haben, entscheidend für den Erfolg einer Premiummarke:

(1) Aufbau und die Pflege einer innovativen und begehrenswerten Premiummarke.
(2) Einstellen und Halten der besten Talente der Industrie.
(3) Limitierung des Angebots unterhalb der Nachfrage.
(4) Enge Kooperation mit den besten Zulieferern.
(5) Flexible und kosteneffiziente Produktion.

Diese Erfolgsfaktoren der Premiummarken gelten nicht nur in der Automobilindustrie, sondern auch in anderen Industrien. Ob sie, je nach Industriezweig, angepasst werden müssen, ist eine Frage, die noch einer detaillierteren Untersuchung bedürfte.

Festhalten lässt sich aber, dass es genau diese Faktoren sind, die Mercedes-Benz, BMW, Porsche und Audi zu ihrem Erfolg verholfen haben und mithilfe derer sie den Status von Premiummarken erlangen konnten. Somit ist der deutschen Automobilindustrie die große Kehrtwende in den letzten zehn Jahren gelungen und stellt am Anfang des neuen Jahrtausends eine einzigartige Erfolgsgeschichte dar.

Der dritte Aspekt des Erfolgsgeheimnisses besteht aus den vier Fundamenten einer Premiummarke, die ebenfalls auch für andere Industrien gelten. Abstrahiert gesehen, ist der Weg zu einer erfolgreichen Premiummarke ein Prozess, der auf vier Fundamenten beruht. In dem von uns entwickelten Modell gehen die vier Fundamente, die jeweils einen Teilprozess darstellen, als Teile eines großen Gesamtprozesses ineinander über. Der Prozess einer Premiummarke fängt bei der Premiumkundenorientierung an, die in Premiuminnovationen umgesetzt wird. Diese, einen gesteigerten Kundennutzen repräsentierenden Innovationen, müssen mit einem Premiummarketing dem Konsumenten verständlich gemacht werden. Das Premiummarketing trägt dadurch zur Premiumunternehmenskultur bei, die die Basis ist für die den Prozess startende Premiumkundenorientierung.

Um den Status einer Premiummarke zu erlangen, reicht es nicht aus, ein »leeres« Image von Luxus zu übermitteln, das keine nachhaltige Substanz aufweisen kann. Der Premiumkundennutzen muss im Vordergrund stehen und eine Premiummarke muss durch überzeugende Premiuminnovationen diesen Kundennutzen steigern können. Gelingt das, dann wird dieser gesteigerte Kundennutzen durch Zahlung eines höheren Preises, dem Premiumpreis, honoriert.

Anhang:
Premiummarken – Theorie

Im Anhang soll geklärt werden, wie der Erfolg der Premiummarken mit wirtschaftswissenschaftlichen Theorien zu verstehen ist. Porters Wettbewerbsstrategien, angewandt auf Schlanke Unternehmen und Premiumunternehmen, und die Transaktionskostentheorie werden angewendet, um den Erfolg der Premiummarken auch wissenschaftlich zu erklären.

Wettbewerbsstrategien: Lean oder Premium

Neben den betrachteten Premiummarken gibt es auch Volumenmarken die erfolgreich sind. Zum Beispiel erzielt Toyota mit der schlanken Produktion, also Lean Production, ein eindrucksvolles Wachstum und eine hohe Gewinnmarge – wie passt das zusammen?

Porters Wettbewerbsstrategien

Michael Porter schreibt in seinem Buch *Wettbewerbsstrategien*, dass ein Unternehmen sich entweder für Differenzierung oder für Kostenführerschaft entscheiden muss, wenn es erfolgreich sein will. Auch kann eine Nischenstrategie für kleinere Unternehmen erfolgreich sein, die Differenzierung und Kostenführerschaft kombiniert und intensiv auf einen spezifischen Markt ausgerichtet ist (siehe Abbildung A-1).

In der Automobilindustrie sind Audi, BMW und Mercedes-Benz gute Beispiele für eine erfolgreiche Differenzierung, Toyota steht für eine erfolgreiche Kostenführerschaft und Porsche als kleineres Unternehmen ist ein gutes Beispiel für eine Nischenstrategie, die Differenzierung und Kostenführerschaft erfolgreich verbindet. Die

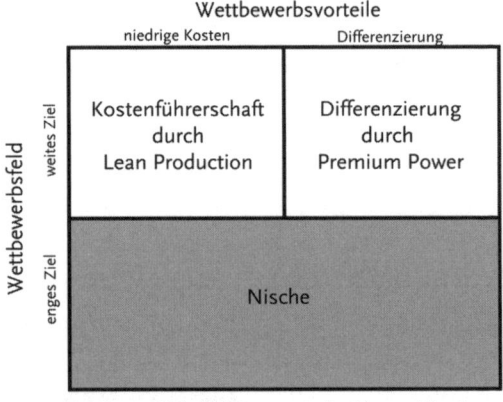

Wettbewerbsvorteile
niedrige Kosten · Differenzierung

	niedrige Kosten	Differenzierung
weites Ziel	Kostenführerschaft durch Lean Production	Differenzierung durch Premium Power
enges Ziel	Nische	

Wettbewerbsfeld

© 1980–2000 Michael E. Porter, angewandt auf Lean und Premium

Abb. A-1 Porters Wettbewerbsstrategien: Entweder Kostenführerschaft oder Differenzierung, aber in der Nische ist auch eine Kombination möglich

Kostenführerschaft von Porsche ist natürlich immer im Vergleich des jeweiligen Autosegments zu sehen, denn Porsche ist ja eben nicht in den klassischen Volumensegmenten vertreten.

Audi-Produktionsvorstand Jochem Heinzmann erklärt dazu: »Im Bereich der Massenfertigung sind die Japaner sicherlich stark. Aber wir brauchen uns nicht zu verstecken. Unser System hat auch Vorbildcharakter. Wenn es darum geht, Autos nach Kundenwunsch zu bauen, setzen die deutschen Fabriken die Maßstäbe.« Heinzmann gibt aber auch zu, dass dieses nicht bei den Herstellkosten gilt und differenziert hier: »Das hängt damit zusammen, dass wir in jede neue Fahrzeuggeneration viele Innovationen einbauen, während die Japaner sich darauf konzentrieren, Bewährtes zu optimieren. Sie nutzen die Produktivitätsfortschritte vor allem zur Kostensenkung, wir stecken sie in den Mehrwert unserer Produkte.«

Porter warnt davor, wenn ein Unternehmen sich nicht auf eine der drei strategischen Grundtypen –Differenzierung, Kostenführerschaft oder Nischenstrategie – festlegt, sondern »Zwischen die Stühle« gerät, wo Umsatz und Gewinne schrumpfen. BMW-Chef Panke erklärt dazu nach der negativen Erfahrung mit dem Sanierungsfall Rover: »Sie können den Mitarbeitern nicht vormittags sagen, die sollen nur die Kosten im Auge haben und nachmittags fordern sie eine kompromisslose Konzentration auf Innovationen.«

Angewandt auf die Automobilindustrie sind Porters Wettbewerbsstrategien am besten durch die Theorie der Lean Production und der Premium Power repräsentiert. Toyota steht mit der Lean Production für die Kostenführerschaft, während die Premium Power von BMW, Mercedes-Benz und Audi die Differenzierung repräsentieren. Besonders hervorzuheben ist, dass für große Unternehmen Lean Production und Premium Power nicht vereinbar sind, denn die Effizienz der so genannten Schlanken Organisation verhindert Innovationen. Premium Innovationen sind aber die Lebensader einer Premiummarke und eine innovative Premiumunternehmenskultur verträgt sich nicht mit einem ausgeprägten Effizienzdenken.

Porsche als kleines unternehmerisch geführtes Unternehmen dagegen ist ein exzellentes Beispiel für das Verfolgen einer Nischenstrategie. Der Nischenanbieter kann in vergleichbaren Segmenten kosteneffizienter produzieren als die Konkurrenz, da Porsche die Lean Production mit aktiver Unterstützung von Toyota verinnerlicht hat, allerdings nur in der Produktion. Hingegen achtet Porsche bei der Differenzierung seiner Produkte sehr genau darauf, dass keine Kosten gescheut werden, sich im Sinne der Premium Power einzigartig durch Innovationen zu positionieren.

Lean Production oder Premium Power

James P. Womack, Daniel T. Jones und Daniel Roos haben in *Die zweite Revolution in der Autoindustrie* den deutschen Autoherstellern einen deutlichen Qualitäts- und Produktivitätsrückstand gegenüber japanischen Autoherstellern bescheinigt, dabei aber die Kraft einer Premiummarke vollkommen vernachlässigt. Die deutschen Premium-Automarken scheinen die Lean Production-Botschaft ignoriert zu haben, und sind einen eigenen Weg erfolgreich gegangen, und zwar den der Premium Power.

Porsche hat gezeigt, dass auch ein deutscher Hersteller lernen kann, wie man Lean Production, also eine schlanke Produktion, betreibt. Dabei ist wichtig, dass dieses Wissen am besten durch Personen vermittelt wird, die Lean Production bereits erfolgreich angewandt haben. Die Anwendung der Prinzipien des Lean Managements sollte sich auf die jeweiligen Kern-Wertschöpfungsprozesse konzentrieren, bei denen gleichzeitig auch nur eine minimale Fehlertoleranz gegeben ist. Während bei den japanischen Automobilherstellern die wesentliche Wertschöpfung offensichtlich in der effizienten Produktion von fehlerfreien Fahrzeugen besteht, ist der wesentliche Wertbeitrag der Premiumhersteller eher im Bereich der kundenorientierten Innovation zu suchen.

Kaizen, also ständige Verbesserung als wichtigster Teil von Lean Production, wie das erfolgreiche Beispiel Porsche zeigt, ist sinnvoll, um Produktionsprozesse zu optimieren. Untauglich ist aber Kaizen bei Premiumherstellern in Bezug auf Marktforschung, Service und Kundenfeedback sowie Innovationsgenerierung und Umsetzungsmanagement.

Die klassische Anwendung des Lean Production-Ansatzes auf das Gesamtunternehmen würde aufgrund seiner inhärenten Innovationsfeindlichkeit die Premium Power eines Premiumunternehmens grundsätzlich lähmen und es langfristig zugrunde richten.

Transaktionskostentheorie und Premiumgüter

Die Transaktionskostentheorie ist ein Element der Neuen Institutionenökonomie, die mit dem Nobelpreis 1994 – der unter anderen an den deutschen Forscher Reinhard Selten ging – für ihre Bedeutung in den Wirtschaftswissenschaften ausgezeichnet wurde. Grundsätzlich geht dieser Ansatz davon aus, dass nicht nur materielle und immaterielle Güter, sondern auch Aktionen einen ökonomischen Wert besitzen. Insbesondere werden die Kosten derjenigen Handlungen bewertet, die zu Einrichtung, Pflege und Benutzung einer Institution, wie zum Beispiel dem Markt oder dem Staat, erforderlich sind. Dabei ist natürlich der Bereich des Marktes von besonderem Interesse, da die Mechanismen des Ausgleichs zwischen Angebot und Nachfrage schon immer Gegenstand der vielfältigsten wirtschaftswissenschaftlichen Theorien waren.

Die Perspektive der Transaktionskostenanalyse beziehungsweise der gesamten damit verbundenen Schule der Neuen Institutionenökonomie ist insofern eine besondere, da sie sich ganz bewusst dem methodischen Individualismus verschrieben hat, das heißt das Verhalten einer abstrakten oder konkreten Gesamtheit von Akteuren (zum Beispiel der Regierung oder der Produzenten) auf der Basis individuellem menschlichen Verhaltens modelliert. Daraus sind bereits viele wertvolle Einsichten in scheinbar widersinnige Verhaltensweisen bestimmter Gruppen entstanden, da sie sich bei der Analyse der individuellen Anreizsysteme als durchaus rational erklären ließen. Diese Ansätze sind in stark formalisierter Ausprägung zur so genannten Spieltheorie weiterentwickelt worden, die insbesondere den Aspekt mehrerer aufeinander folgender Ereignisse im Sinne strategischer Kalküle untersucht.

In der Neuen Institutionenökonomie wird eine ganze Reihe unterschiedlicher, aufeinander aufbauender theoretischer Ansätze zusammengefasst. Zu beachten ist dabei, dass der Gegenstand der methodischen Betrachtungen nicht mehr als Gut, sondern als Verfügungsrecht bestimmt wird, was der erhöhten Abstraktheit heutiger Eigentumsverhältnisse, zum Beispiel beim Leasing, gerecht wird.

Wurden Transaktionskosten traditionell als Reibungsverluste oder Messungenauigkeiten in der ökonomischen Theorie eher vernachlässigt – auch in der Annahme, dass sie relativ zum Preis des materiellen Gutes einen eher geringen Anteil ausmachen – stellt sich mit zunehmender Analyse heraus, dass gerade auf makroökonomischer Ebene die Transaktionskosten sogar den überwiegenden Teil des Preises beziehungsweise Wertes einer Wirtschaftsleistung ausmachen können. Bedenkt man alleine die enormen Aufwendungen, die für die Schaffung, Durchsetzung und Bewahrung eines konsistenten Eigentumsrechts erforderlich sind, kann man sich der These anschließen, dass in einer entwickelten Marktwirtschaft die Transaktionskosten etwa bis zu 70 oder gar 80 Prozent des Nettosozialprodukts, also des um im Ausland erbrachte Vorleistung bereinigten Bruttosozialprodukts, ausmachen können.

Die insbesondere auch in der Automobilindustrie immer wieder aufflammende Diskussion um die so genannten Lohnfolgekosten bietet ein stark vereinfachtes Abbild der individuellen Kosten kollektiver Institutionen, und wird von unterschiedlichen Unternehmen stark unterschiedlich bewertet. Während einige, auch global agierende, Automobilhersteller bestimmte institutionelle Aufwendungen (vereinfachend oft auch Overhead genannt) als sunk costs den einzelnen Fabriken beziehungsweise Projekten mit den jeweiligen Erhaltungsaufwendungen beziehungsweise Zeitwerten in Rechnung stellen, tun andere so, als würde jede neue Fabrik beziehungsweise jedes neue Auto im luftleeren Raum gebaut, und müsste sich seine Infrastruktur, die Ausbildung der Arbeiter und sämtliche Maschinen zum Neuwert komplett selbst bezahlen.

Obwohl die unternehmensstrategische und buchhalterische Diskussion um diese Vorgehensweisen noch lange nicht mit ausreichender Schärfe geführt wird, ist doch zu konstatieren, dass Unternehmen, die institutionelle Kosten aktiv berücksichtigen, tendenziell eher in Hochlohnländern produzieren und aktive Nischenpolitik verfolgen können, während Unternehmen, die eine Vollkostenkalkulation betreiben, auf eine aggressive Expansion der Unternehmensaktivitäten in so genannte Billigländer bei gleichzeitig eher konservativer Modellpolitik angewiesen sind.

Um das Phänomen des Premium, also des offensichtlichen Mehrpreises, der für ein Gut scheinbar gleicher Spezifikation gezahlt wird, analysieren zu können, sollte zunächst auf die transaktionkostenseitigen Dimensionen der Marktmechanismen eingegangen werden. In diesem Fall sei mit Markt der Markt für neue Automobile bezeichnet, der an der Schnittstelle von Hersteller beziehungsweise seinen Verkaufsagenten und Endbenutzer beziehungsweise Käufer entsteht.

Die Analyse weiterer Ebenen des Automobilmarktes, zum Beispiel an der Schnittstelle von Hersteller zu Verkaufsorganisation, beziehungsweise des Ersatzteilgeschäfts zwischen Teileproduzent, Originalhersteller und Endkunde, würden den Rahmen dieser Untersuchung sprengen. Trotzdem ist festzuhalten, dass gerade die enormen Aufwendungen, die die Änderung der Gruppenfreistellungsverordnung, also ein Gesetz als typische »Instituition«, verursacht hat, einen weiteren Hinweis auf die Bedeutung von Institutionen und Transaktionskosten geliefert haben.

Die Kosten der Errichtung des Automobilmarktes werden in dieser Untersuchung als gegeben angenommen; interessant sind insbesondere die Kosten der Marktbenutzung, und zwar die auf der Nachfragerseite. Für den Nachfrager eines Pkw entstehen folgende Arten von Transaktionskosten:

(1) Kosten der Anbahnung eines Kaufvertrags.
(2) Kosten des Abschlusses und der Durchführung des Vertrags.
(3) Kosten der Überwachung und Durchsetzung der vertraglichen Leistungen.

Die dabei berücksichtigten Kosten umfassen jeweils nicht nur die direkten Kosten der tatsächlich durchgeführten Handlungen, sondern auch die Opportunitätskosten der jeweils nicht durchgeführten alternativen Beschäftigung.

Kosten der Anbahnung eines Kaufvertrags

Die Kosten der Anbahnung eines Kaufvertrags sind im Wesentlichen die Kosten, die durch Suche, Identifikation und Selektion des entsprechenden Kaufobjekts und des jeweiligen Geschäftspartners entstehen. Oberflächlich betrachtet, könnte man meinen, dass diese Kosten seit der allgemeinen Verfügbarkeit des Internets drastisch reduziert wurden, doch dem ist nicht so. Da sich über das Internet die Reichweite und damit die Menge potenzieller Vertragspartner zum Erwerb eines Fahrzeugs massiv vergrößert hat, fällt wieder ein zusätzlicher Identifikations- und Selektionsbedarf an, der in der klassischen ein Händler/ein Kunde-Relation vernachlässigbar gewesen wäre.

Ebenso ist zu bedenken, dass die gesamte öffentlich verfügbare und dem Interessenten zugängliche Information zunächst erst gefunden, dann ausgewertet, und im Zweifelsfall verworfen oder in den weiteren Entscheidungsprozess einbezogen werden muss. Auch die Lektüre von Tages- und Fachzeitschriften, die Suche nach Inseraten und Prospekten, die Gespräche am Stammtisch oder auf dem Golfplatz sowie die Diskussionen im häuslichen Kreis dürfen davon nicht ausgeschlossen werden. Die dafür aufgewendete Zeit stellt, selbst wenn es keine formelle Arbeitszeit ist, einen erheblichen Wert dar, und muss in die Kostenbetrachtung eines Neufahrzeugkaufs mit einbezogen werden.

Kosten des Abschlusses und der Durchführung des Vertrags

Die Kosten des Abschlusses und der Durchführung eines Vertrags beziehen sich auf die Aufwendungen, die im Zuge der Verhandlung und Festlegung der endgültigen Vertragsbedingungen entstehen, und die auch mit weiteren Informations- und Entscheidungskosten verbunden sind. Dem gegenzurechnen ist das erwartete beziehungsweise tatsächliche Ergebnis der Verhandlungen, besonders wenn es sich dabei um einen Preisnachlass oder andere geldwerte Vorteile handelt.

In diesem Zusammenhang sei auf ein verwandtes Theorem aus der Spieltheorie verwiesen, dem »Market for Lemons« von George Akerlof. Dieses Theorem des Marktes der Zitronen, oder auch der faulen Eier, weist nach, dass eine übermäßige Verhandlungsbereitschaft der Verkäufer letztlich zu einer Verschlechterung des Qualitätsniveaus der angebotenen Waren führt – allerdings wird vorausgesetzt, dass dem Käufer die Produktqualität unbekannt ist. Argumentiert wird, wenn in einem Markt, zum Beispiel für Gebrauchtfahrzeuge, Güter unterschiedlicher Qualität zu unterschiedlichen Preisen angeboten werden, der Käufer letztlich immer versuchen wird, ein besonders gutes Auto zu einem besonders günstigen Preis zu finden, beziehungsweise, wenn er sich der Qualität des angebotenen Autos nicht ganz sicher ist, er versuchen wird, den Preis möglichst weit zu drücken.

Ein Anbieter von Gebrauchtwagen wird deshalb bald herausfinden, dass potenzielle Kunden um so eher bei ihm kaufen, je höher der Rabatt ist, den sie, tatsächlich oder scheinbar, bei ihm ausgehandelt haben. Er wird sich deshalb bemühen, möglichst billige Angebote zu unterbreiten, wobei er aber seine nominelle Preisauszeichnung weiterhin hochhalten (soweit die Konkurrenz das erlaubt) wird, um den Kunden jeweils das befriedigende Gefühl eines maximalen Rabattes zu vermitteln. Fatalerweise wird sich der Kunde aber um so mehr verprellt fühlen, weil er sich niemals sicher sein kann, tatsächlich den fairen Preis für sein Auto herausgehandelt zu haben, oder ob er in Wirklichkeit doch einen künstlich aufgeblasenen Preis gezahlt hat, einfach weil er nicht hart genug verhandelt hatte. Am Ende wird sich ein solcher Markt in einem Negativ-Gleichgewicht einspielen: die Kunden wissen, dass sie schlechte Ware bekommen, sind aber trotz der billigen Preise unzufrieden, weil sie nicht wissen, ob der Preis trotzdem fair war.

Es kann nicht genug betont werden, dass dieses krasse Negativbeispiel einer Marktstruktur nur dann eintreten kann, wenn die Qualität der angebotenen Güter nicht oder nur schwer einschätzbar ist –

deshalb ist es verständlich, dass das erste Angebot fast aller Hersteller über die Qualität der Produkte vermarktet wird. Nur ein dauerhaftes Qualitätsimage hilft langfristig, das angestrebte Preisniveau im Markt durchzusetzen.

Als ein weiterer Aspekt sind bei den Kosten der Vertragsdurchführung die Bereitstellung beziehungsweise das Abholen des Autos zu beachten, die sich bei unterschiedlichen Angeboten stark voneinander unterscheiden können. Während man bei einem EU-Reimport selbst in das Land der ursprünglichen Preisauszeichnung reisen muss, den Aufwand der selbständigen Verzollung und Transferfahrt sowie weitere versicherungs- und zulassungstechnischer Komplikationen zu bewältigen hat, ist jeder niedergelassene Händler heutzutage froh, wenn er einem Kunden das neu zugelassene Auto entweder selbst vor Ort übergeben oder sogar vor die Haustür bringen darf.

Kosten der Überwachung und Durchsetzung der vertraglichen Leistungen

Die Kosten der Überwachung und Durchsetzung der vertraglichen Leistungen lassen sich am besten am Beispiel der Inspektions- und Garantiekosten erläutern: während ein andernorts gekauftes Fahrzeug durch den lokalen Händler nur widerwillig und mit großem Misstrauen zur Inspektion angenommen wird, sind Fahrzeuge lokaler Provenienz oft schon auf Zuruf zur, häufig kostenlosen, Durchsicht abzugeben.

Ganz enorm sind auch die Unterschiede bei der Identifikation und Beantragung von Garantie- und Kulanzleistungen durch die Werkstatt: während bei den vom lokalen Händler gekauften Fahrzeugen jede Chance auf Wiedererstattung der Wartungs- beziehungsweise Reparaturkosten genutzt wird, müssen die Halter externer Fahrzeuge erst ausdrücklich auf diese Möglichkeit hinweisen. Die Spieltheorie gibt auch hierfür eine plausible Erklärung: je höher die Wahrscheinlichkeit ist, mit einem Vertragspartner ein Folgegeschäft abwickeln zu können, desto höher ist das Wohlverhalten jedes Akteurs.

Zu den Kontroll- und Folgekosten lässt sich auch der Gebrauchtwagenpreis des erworbenen Neufahrzeugs zählen. Üblicherweise haben Neuwagenkäufer einen relativ regelmäßigen Anschaffungszyklus und betrachten als Nettoaufwand ihrer Investition häufig nur den Preisunterschied zwischen Neuwagen (nach Rabattierung) und Erlös des Fahrzeugs als Gebrauchtwagen (plus natürlich die entgangenen Zinsen für nicht anderweitig angelegte Mittel). Sinkt der Wiederverkaufswert in der Zwischenzeit auf einen nicht erwarteten Wert, entstehen dem Autokäufer weitere, nicht eingeplante Kosten, die dann direkt dem Preis des nächsten zu erwerbenden Autos abgerechnet werden.

Dieser Zusammenhang vor Augen geführt verdeutlicht, weshalb gerade Premium-Autohersteller den Gebrauchtwagenwert ihrer Fahrzeuge als eigentlichen Indikator für die Stärke ihre Marke verwenden, und auch dem Instrument der offensichtlichen Rabattierung von Neufahrzeugen sehr skeptisch gegenüberstehen, denn der Effekt auf die Preisbereitschaft ihrer Neufahrzeugkunden ist ein unmittelbarer, wenn durch überzogene Rabattaktionen der Marktwert der Fahrzeuge beeinträchtigt wird.

Diese Phänomene treten regelmäßig auch bei Modellwechseln auf, wenn das abgelöste Fahrzeug bei Erscheinen des Nachfolgemodells mit einem Schlag sichtbar veraltet ist und überholt wirkt, und damit die Preise auf den Gebrauchtwagenmärkten einen erheblichen Abschlag erleiden. Dieser Effekt wird zusätzlich verstärkt, wenn die Hersteller oder die Händler zum Abbau von Lagerbeständen des Vormodells noch auf aggressive, rabattorientierte Vermarktungsstrategien setzen.

Transaktionskostentheoretischer Premiumansatz

Alle drei beschriebenen Arten von Transaktionskosten sind bei einem Autokauf anzutreffen, spezifiziert je nach der individuellen Situation, doch wird sicherlich keine Beschaffung eines so wichtigen und teuren Gutes wie eines Automobils, ob im privaten oder unternehmerischen Bereich, ohne die Phasen des Aussuchens, Verhandelns und Wiederverkaufens ablaufen.

Damit ist festzuhalten, dass sich die tatsächlichen Kosten eines Autokaufs auf einen viel höheren Betrag belaufen, als sich das im letztlich gezahlten monetären Kaufpreis ausdrückt. Der in der Preistheorie vielfach beschworene Transaktionspreis, der den tatsächlichen ökonomischen Wert zu ermitteln versucht, nähert sich zwar begrifflich an die Transaktionskosten an, unterliegt aber letztlich auch der Annahme, dass sich die tatsächlichen Kosten aus monetären Größen ableiten lassen.

Wenn nun die tatsächlichen Kosten eines Autokaufs wesentlich höher sind als sich monetär abbildet, so lässt sich daraus ableiten, dass die tatsächliche Nachfragefunktion der Verbraucher auf einem wesentlich höheren Preisniveau verläuft, als sich in den gezahlten Preisen ausdrückt.

Dieser wirkliche Nachfragepreis lässt sich auch nicht über Conjoint-Analysen oder Punktpreiselastizitäten ermitteln, da sich der Gesamtaufwand des Kunden aus monetären und nicht-monetären Größen zusammensetzt. Erst in ihrer Kombination ergeben beide Größen einen Gesamtwert, der wiederum nur zum Teil monetär ausgedrückt wird.

Die Umwandlung der zunächst ideellen Transaktionskosten in monetäre Größen ist selbst eine Funktion der individuellen Verhältnisse des jeweiligen Nachfragers, und hängt – vermittelt über den zeitlichen Aufwand der transaktionalen Tätigkeiten – zunächst stark mit dem individuellen Einkommen des Nachfragers, seiner Wertschätzung für alternative Tätigkeiten und seinen bereits vorher erbrachten Transaktionsinvestitionen wie der Erfahrung aus früheren Autokäufen oder der regelmäßigen Lektüre von Fachzeitschriften ab. Daraus ergibt sich eine modifizierte Preis-Nachfragefunktion, die gegenüber der klassisch monetär abbildbaren auf einem erheblich höheren Niveau liegt (siehe Abbildung A-2).

Eine Quantifizierung dieser Niveauverschiebung würde den Rahmen dieser Untersuchung sprengen, da sie sämtliche Schwierigkeiten der Etablierung einer kardinalen Nutzenfunktion in sich vereint.

Das Maximum der Niveauüberhöhung der Nachfragefunktion ergibt sich durch einen Aufschlag von etwa 70 bis 80 Prozent, da sich ein Autokauf in den meisten Fällen innerhalb etablierter Marktstrukturen abspielt, und beispielsweise die Transaktionskosten zur Errichtung der Institutionen und Rechtssystem nicht erst getätigt werden müssen. Eine Bestätigung für die Richtigkeit dieser Größenordnung liefern Liebhaberfahrzeuge, die zum Teil unter immen-

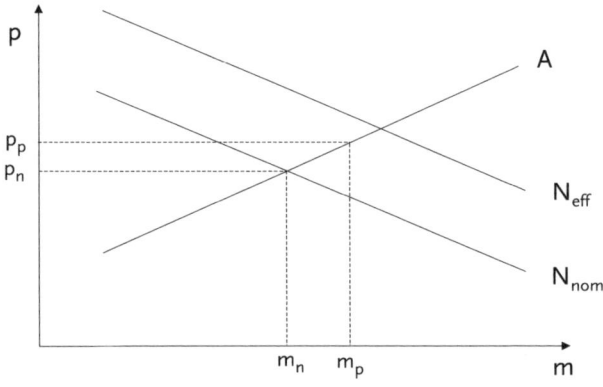

p = Preis, m = Menge, A = Angebot und N = Nachfrage
© 2004 Philipp G. Rosengarten und Christoph B. Stürmer

Abb. A-2 Der transaktionskostentheoretische Ansatz der Premiumpreisbildung: die modifizierte Preis-Nachfragefunktion

sen finanziellen und logistischen Aufwendungen privat importiert werden.

Eine Untergrenze der Transaktionskostenüberhöhung ist im Bereich des nominellen Preisaufschlags von circa 30 Prozent anzusiedeln, die Mercedes-Benz gegenüber der in Deutschland etwa gleich häufig verkauften Marke Opel bei vergleichbaren Fahrzeugen gemäß der Listenpreise realisieren möchte.

Gemäß diesen Annahmen ergibt sich die Nachfragefunktion als ein breiter Nachfragestreifen, der eine Zone möglicher monetärer Ausprägungen darstellt. Dieser Bereich symbolisiert auch den Spielraum, innerhalb dessen sich einzelne Anbieter durch Differenzierung ihrer Produkte und sonstiger Eigenschaften bewegen können.

Das Phänomen des Premium, in seiner Ausdrucksform als erhöhte Kaufpreise beziehungsweise erhöhte Zahlungsbereitschaft für scheinbar gleichwertige Güter, stellt sich jetzt als ein klassisches Problem der Maximierung der Unternehmerrente bei gleich bleibender Konsumentenrente dar: je höher der Anteil an der effektiven Nachfrage ist, den der Anbieter für sich beanspruchen kann, desto höher ist der tatsächliche Transaktionspreis seiner Güter.

Die Maximierung des Transaktionspreises entspricht also tatsächlich einer Minimierung der für den Kunden entstehenden Transaktionskosten. Die bei einer Minimierung der Transaktionskosten entstehende effektive Nachfragefunktion liegt auf der Preisachse wesentlich höher als die nominelle Nachfragefunktion, und schneidet deshalb auch die Angebotsfunktion der Unternehmen bei einem höheren Preisniveau und auch bei einem höheren Volumen.

Damit ist einfach grafisch hergeleitet, weshalb bei der quantitativen Messung von Preis-Nachfragefunktionen die Premiummarken nicht nur höhere Preise, sondern auch höhere Kaufbereitschaft aufweisen.

Der Premiumpreis

Aufgrund der Erklärung der internalisierten Transaktionskosten lassen sich systematisch die wesentlichen Handlungsfelder ableiten, die für die Etablierung und Aufrechterhaltung eines Premiumpreises erforderlich sind. Ebenso lassen sich erwiesenermaßen erfolgreiche Strategien auf ihre Wirkungsweise überprüfen.

Im Bereich der Anbahnungskosten geht es um die Minimierung der für den Kunden entstehenden Such- und Informationskosten. Optimal ist in dieser Hinsicht, wenn das Wissen über das entsprechende Produkt zur Allgemeinbildung beziehungsweise zum Grundwissen der potenziellen Käuferschicht gehört, sodass überhaupt keine zusätzlichen Informationskosten anfallen. Dieses Phänomen ist in Deutschland am stärksten beim VW Golf zu beobachten, der, wie vorher auch der Käfer, aufgrund seiner Omnipräsenz ein nicht weiter erklärungsbedürftiges Produkt darstellt. Deshalb ist es verständlich, dass Volkswagen bei jeder Produktgeneration genau darauf achtet, die wesentlichen Produktinhalte nur so wenig zu verändern, dass eine Umstellung und Übertragung der existierenden Erfahrungen auf die neue Generation jederzeit möglich ist. Gleichzeitig konterkariert VW dieses Premiumpotenzial aber durch eine unüberschaubare Anzahl von Varianten und Ausstattungen, die letztlich doch wieder einen aufwändigen Informations- und Selektionsprozess erforderlich machen. Es ist zu hoffen, dass VW dieses Argument zu einer Reform seiner Angebotspalette verwendet.

Eine Möglichkeit, um Such- und Informationskosten zu minimieren, ist eine dauernde Präsenz der Produkte beziehungsweise der Marke in den entsprechenden Medien sowie eine nicht nachlassende Werbeaktivität. Manchem mag es überflüssig erscheinen, dass zum Beispiel Mercedes-Benz eine ständige Flotte von mehreren Hundert Test- und Pressefahrzeugen vorhält, doch schlägt sich diese aktive Presse- und Informationsarbeit letztlich direkt in den erzielbaren Preisen der Produkte nieder.

Sollte im ungünstigsten Fall ein Kunde gezwungen oder willens sein, sich selbst aktiv um Informationsgewinnung kümmern zu müssen, sollte ihm jeder denkbare Kanal mit einfachen, intuitiv erfassbaren und entscheidungsrelevanten Informationen zur Verfügung gestellt werden. Man bedenke: der Aufwand, den der Kunde zur Informationsgewinnung betreiben muss, steht in einem direkten negativen Verhältnis zu seiner letztlichen Preisbereitschaft. Belegt wird diese These beispielsweise durch das Phänomen des Schnäppchenjägers, dessen immense Such- und Informationsaufwendungen in keinerlei Relation zur tatsächlichen Preisbereitschaft stehen.

Die Kosten für Entscheidungsfindung und Vertragsabschluss liegen fast vollständig in der Hand des jeweiligen Vertriebsnetzes. Eine starke Premiummarke mit einem durchgängigen, vertrauenswürdigen Auftritt und verbindlicher Informationspolitik hat dem Kunden sicherlich höhere Entscheidungsunterstützung zu bieten als eine nur sporadisch anzutreffende und im Auftritt heterogene Vertriebsorganisation. Ein wesentliches Element der Entscheidungsunterstützung liegt auch in der Verfügbarkeit der Marke. Es kommt nicht von ungefähr, dass sich die erfolgreichen Marken den Luxus eines extrem weit verzweigten Vertriebsnetzes mit zum Teil einander überlagernden Kanälen leisten. Wieder gilt die Regel, dass sich jeder Aufwand, den der Kunde selbst nicht zu betreiben braucht, am Ende direkt im Kaufpreis niederschlägt.

Den größten Anteil an der Premiumpreisbildung haben allerdings die erwarteten und tatsächlichen Kosten der Überwachung und Durchsetzung des Vertrages, da sich diese am leichtesten als geldnahe oder sogar geldwerte Größen ausdrücken lassen. Wie bereits thematisiert, spielt das Phänomen des Wiederverkaufswerts eine nicht zu unterschätzende Rolle, ebenso die Erwartungen über anfallende Reparatur- und Ausfallhäufigkeiten sowie die entsprechende Kulanzpolitik. Hierbei sind immer auch mehrperiodische

Phänomene langfristiger Markenimages und Kundenerwartungen zu beachten, die wiederum mit spieltheoretischem Instrumentarium detaillierter zu analysieren sind.

Transaktionskostentheorie: Premium ist seinen Preis wert

Es zeigt sich, dass der Ansatz der transaktionskostentheoretischen Analyse eine einfache und vollständige Erklärung des Phänomens der Premiumpreise bietet, und sowohl auf unterschiedliche unternehmerische Fragestellungen als auch tatsächliche Phänomene zutreffende Antworten ableiten lässt. Die Investitionen, die heutzutage in die Innovation und Qualität der Produkte, die Durchgängigkeit des Markenauftritts sowie in die Zugänglichkeit des Vertriebsnetzes und alle entscheidungsrelevanten Informationen getätigt werden, sollten als wesentlicher Bestandteil einer langfristigen Unternehmensstrategie verstanden werden.

Solange das Automobil – und insbesondere das Premiumprodukt – nicht als fungibles Gut in einem völlig homogenen Markt, unter perfekter Information, nach reinen nominellen Kostengesichtspunkten verschleudert wird, lohnt es sich unmittelbar, die Ansprüche und Bedürfnisse der Kunden in ihrem Lebensumfeld genau zu analysieren, und sich als Unternehmen präzise an ihnen zu orientieren.

Paradoxerweise ist zu konstatieren, dass der Grund für die Aufpreisfähigkeit von Premiumprodukten somit nicht nur im Produkt selbst begründet ist, sondern vielmehr auch in der Einbettung des Produkts in ein komplettes unternehmerisches Umfeld liegt. Somit ist die Redeweise von Premiummarken letztlich eine verkürzte – es muss immer Premiumhersteller oder Premiumunternehmen lauten.

Die Strategie eines Unternehmens, das sich in seinem Geschäftsmodell auf die zusätzlichen Einnahmeströme aus Premiumpreisen stützen möchte, muss langfristig auch darauf ausgerichtet sein, ein Premiumunternehmen anzubieten und nicht nur eine Premiummarke.

Glossar

ABC-Fahrwerk
»Active Body Control« von Mercedes-Benz verbindet das klassische Prinzip der hydraulischen Federung mit aktiver Computerkontrolle, die je nach Einstellung, Geschwindigkeit und Bodenbeschaffenheit das Schwanken der Karosserie in Kurven sowie das Nicken und Abtauchen bei Beschleunigung und Bremsen fast vollständig verhindert.

Abgasturbolader
Ein Abgasturbolader besteht aus zwei über eine kurze Welle verbundenen Turbinen. Der Abgasstrom des Motors treibt die Turbine des Laders an, dessen Drehzahl dann auf den Verdichter übertragen wird. Der Verdichter komprimiert die Frischluft, die dem Motor zugeführt wird, auf bis zu 3 bar Überdruck. Durch den Einsatz eines Abgasturboladers wird die Effizienz eines Verbrennungsmotors wesentlich verbessert. Turbomotoren zeichnen sich insbesondere durch hohes Drehmoment und damit hohe Durchzugskraft aus.

Aluminium Space Frame (ASF)
In dieser von Audi patentierten Karosseriebauweise werden Aluminium-Profile über gegossene Knoten zu einem selbsttragenden Rahmen verbunden, der später mit den Blechen der Karosserie-Außenhaut verkleidet wird.

Anti-Blockier-System (ABS)
ABS wurde von Mercedes-Benz und Bosch 1978 auf den Markt gebracht. Es verhindert bei starken Bremsungen ein Blockieren der Räder und stellt damit sicher, dass das Auto auch beim Bremsen lenkbar bleibt und stets der kürzeste Bremsweg erzielt wird.

ABS wird häufig mit einem Bremsassistenten (BAS) kombiniert, der aufgrund der Heftigkeit der Pedal-Betätigung selbständig eine Vollbremsung auslöst. Moderne Anti-Blockier-Systeme regeln dabei jedes Rad einzeln und ermöglichen auch sichere Bremsungen bei unterschiedlichen Fahrbahnbelägen bei Verschmutzung oder Vereisung der Straße.

CAFE-Tax

»Corporate Average Fuel Economy« wird in den USA durch die Environmental Protection Agency (EPA) festgelegt und berechnet sich aus dem Durchschnittsverbrauch (mengengewichtet) der innerhalb eines Jahres von einem Hersteller verkauften Kraftfahrzeuge. Dabei werden Personenkraftwagen und leichte Nutzfahrzeuge (wie Geländewagen und Minivans) in separaten Berechnungen erfasst, die Nutzfahrzeuge bevorzugen. Ein Hersteller, der das Flottenverbrauchsziel nicht erfüllt, muss eine Strafzahlung in Höhe von bis zu mehreren tausend Dollar pro verkauftes Fahrzeug leisten.

Carbon-Chassis

Die Karosserie eines Fahrzeugs wird auch als »Chassis« bezeichnet, obwohl damit im engeren Sinne nur die tatsächlich tragende Struktur gemeint ist. Neben Stahl und Aluminium kann das Chassis auch aus leichten Kohlefaserverbundstoffen (englisch: »Carbon Composite Materials«) hergestellt werden, was wegen der enormen Kosten aber hauptsächlich in speziellen Rennfahrzeugen angewendet wird.

Common-Rail-Technologie

Common-Rail-Technologie bezeichnet eine Einspritztechnologie, die bei modernen Dieselmotoren zum Einsatz kommt. Dabei wird der erforderliche hohe Druck (über 1 500 bar) durch eine elektrische Pumpe erzeugt und in einem rohrförmigen Druckspeicher (»Rail«) für alle Zylinder drehzahlunabhängig zur Verfügung gestellt.

Designstudie

Eine Designstudie wird im Zuge der Entwicklung eines Fahrzeugdesigns angefertigt, um erste Ideen und gestalterische Konzepte darzustellen. Gerne werden solche Studien auch auf Automobilmessen ausgestellt, um zusätzliche Aufmerksamkeit zu erzeugen (zum Beispiel Audi Le Mans quattro), aber auch um die Reaktion des Publikums zu testen.

Drive-by-Wire-System
Nach dieser technischen Vision soll es möglich sein, die Lenkung eines Fahrzeugs komplett ohne mechanische Verbindung (Lenksäule) zwischen Lenkrad und Vorderachse beziehungsweise Vorderrädern darzustellen, was wesentlich größere Flexibilität beim Interieur-Design ermöglichen würde. Aufgrund rechtlicher Sicherheitsvorschriften ist das Drive-by-Wire-System bisher aber nicht im öffentlichen Verkehr zugelassen.

Einspritztechnologie
Bei fast allen modernen Automotoren wird der Kraftstoff – Benzin oder Diesel – nicht mehr über Vergaser, sondern über Pumpen und Injektoren mit der Frischluft vermischt. Dabei wird zwischen Direkteinspritzung (direkt in die Brennräume der Zylinder) und Saugrohr- beziehungsweise Wirbelkammereinspritzung (vor die Einlassventile beziehungsweise in eine separate Kammer) unterschieden.

Elektronisches Stabilitätsprogramm (ESP)
ESP stellt seit 1995 eine Weiterentwicklung des Anti-Blockier-Systems (ABS) dar. Dabei werden der Lenkradeinschlag und die Drehbewegung des Fahrzeugs über Sensoren gemessen, und bei Abweichungen, die zum Beispiel durch Schleudern oder Untersteuern verursacht werden, durch gezielte, computergesteuerte Bremseingriffe korrigiert.

Fahrzeugkonzept
Das »Konzept« eines Fahrzeugs bezeichnet die grundlegenden funktionalen und formalen Eigenschaften, wie beispielsweise Anzahl und Anordnung der Sitze, Lage des Motors und Getriebes, Anzahl und Funktion von Türen und Klappen, und grundlegende Proportionen wie Radstand, Länge, Breite, Überhänge und Höhe.

Innovative Konzepte werden auch als Konzeptstudie – häufig als Designstudie bezeichnet – auf Automobilmessen ausgestellt, um Kundenreaktionen zu testen.

Flottengeschäft
Neben dem Verkauf an private Einzelpersonen werden Kraftfahrzeuge auch an die Betreiber größerer Fuhrparks (»Flotten«) verkauft. Die dabei üblichen Sonderkonditionen machen diese Geschäfte zum Teil für klassische Automobilhändler unprofitabel, sodass sie zunehmend durch die Hersteller und Importeure direkt betrieben werden.

Flottenverbrauchsgesetzgebung
Der Flottenverbrauch berechnet sich aus dem durchschnittlichen (mengengewichteten) Verbrauch der innerhalb eines Jahres von einem Hersteller beziehungsweise einer Marke verkauften Kraftfahrzeuge. Während es in den USA bereits verbindliche Obergrenzen (CAFE-Tax) gibt, haben sich die in der Association des Constructeurs Europeans d'Automobil (ACEA) organisierten europäischen Automobilhersteller in einer freiwilligen Erklärung selbst dazu verpflichtet, den Flottenverbrauch von 1998 bis 2008 um 25 Prozent zu senken.

FSI-Biturbomotor
Mit »FSI« bezeichnet die VW-Gruppe ihre Variante der direkten Benzineinspritzung (»Fuel Stratified Injection«). Als »Biturbomotor« werden Motoren mit zwei Turboladern bezeichnet, die entweder parallel (mit getrennter oder gemeinsamer Luftsammlung) oder hintereinander (Registeraufladung) angeordnet sind.

Händler-Incentives
»Incentives« bezeichnen alle Arten von Kaufanreizen.
Unter »Händlerincentives« versteht man Kaufanreize für den Endkunden wie zum Beispiel Rabatte, überhöhte Rücknahmepreise von Gebrauchtwagen, Sonderfinanzierungen, kostenlose Zusatzausstattungen, die der Händler selbstständig aus seiner eigenen Verkaufsmarge finanziert.

Handling-Parcours

In der Entwicklung von Fahrzeugen wird das Fahrverhalten (»Handling«) immer wieder an Prototypen überprüft, die dabei spezielle Prüfanordnungen (»Parcours«) durchlaufen. Diese bestehen aus unterschiedlichen Abschnitten, wie Slalom, Kreisbahn, Beschleunigungs- und Bremsstrecke sowie unterschiedlichen Kurven- und Streckenkombinationen. Auch bei Autotests sowie Fahrtrainings werden Handling-Parcours durchfahren.

Hersteller-Incentives

Unter »Hersteller-Incentives« versteht man Kaufanreize für den Endkunden wie zum Beispiel Rabatte, überhöhte Rücknahmepreise von Gebrauchtwagen, Sonderfinanzierungen, kostenlose Zusatzausstattungen, die der Händler auf Nachweis des erfolgten Verkaufs durch den Hersteller beziehungsweise Importeur – häufig auch nur teilweise – zurückerstattet bekommen kann. Des Weiteren bezeichnen Hersteller-Incentives auch Programme, die der Hersteller direkt anbietet, und dazu bereits den Händlereinkaufspreis entsprechend reduziert, sodass dem Händler kein Verlust an Margeneinnahmen entsteht.

Konzeptstudie

Siehe Fahrzeugkonzept.

Multi Purpose Vehicle (MPV)

Englische Bezeichnung für »Minivan«.

Plattform

Als »Plattform« wird die technische Grundstruktur eines Fahrzeugs bezeichnet, die für unterschiedliche Karosserieformen und Markendesigns verwendet werden kann. Traditionell wurde unter »Plattform« das Chassis einschließlich Achsen und Lenkung, Motorlager und Getriebeaufhängung sowie Sitzverankerungen verstanden, was aber zu hoher Unflexibilität in Design und Innenraumauslegung führte.

Plattformstrategie

Als »Plattformstrategie« wird der planvolle Einsatz einer Plattform in mehreren unterschiedlichen Fahrzeugen, häufig innerhalb eines Konzernverbunds beziehungsweise in Kooperationsprojekten auch über mehrere Marken hinweg, bezeichnet. Heutzutage werden die Plattformstrategien zunehmend durch Modulstrategien abgelöst, die statt des Chassis eher elektronische Komponenten sowie Radaufhängungen, Motoren und Getriebe mehrfach verwenden.

Sport Utility Vehicle (SUV)
Englische Bezeichnung für »Geländewagen«.

Werks-Tuning
Als »Tuning« werden alle Maßnahmen bezeichnet, mit denen ein Fahrzeug nach der Originalproduktion modifiziert wird, um im Allgemeinen der »Sportlichkeit« des Autos mehr Ausdruckskraft zu verleihen. Dabei werden insbesondere Verbesserungen der Aerodynamik durch Spoiler und Schürzen, des Fahrverhaltens durch Tieferlegung und Verwendung breiterer und größerer Reifen sowie der Motorleistung durch Änderungen der elektronischen Steuerung (Chip-Tuning) und weitere Maßnahmen (wie Änderungen der Nockenwelle, Vergrößerung des Hubraums, Erweiterung des nutzbaren Drehzahlbands durch Einsatz leichterer Kolben und Pleuel) angestrebt. Einige Hersteller bieten diese Modifikationen bereits »ab Werk« über ihre angeschlossenen Tuningunternehmen an, wie zum Beispiel BMW mit der M GmbH, Mercedes-Benz durch AMG sowie Audi durch die S- und RS-Modelle.

Zahnstangenlenkung
Die Übertragung der Rotationsbewegung des Lenkrads auf die lineare Bewegung des Lenkgestänges – das dann die Räder verstellt – wird durch das Lenkgetriebe sichergestellt. Bei der »Zahnstangenlenkung« wirkt ein Zahnrad am Ende der Lenkstange auf eine horizontale Stange, die mit passenden Zähnen versehen ist. Ein solches Lenkgetriebe ist kompakt, leicht und sichert eine direkte beiderseitige Kraftübertragung, die wiederum eine sichere und sportliche Fahrweise ermöglicht. Der Nachteil dieser Technik liegt im Bereich verringerten Komforts durch möglicherweise in das Lenkrad rückübertragene Vibrationen und Lenkkräfte.

Quellen und Literatur

Die Informationen, auf denen dieses Buch beruht, stützen sich auf zahlreiche Quellen, wie beispielsweise Interviews und Gespräche mit Vorstandmitgliedern und Vertretern der vier Marken Audi, BMW, Mercedes-Benz und Porsche sowie auf die nachfolgenden Publikationen.

Unternehmenspublikationen

Geschäftsberichte, Reden und Pressemitteilungen der Daimler-Benz AG, DaimlerChrysler AG, Mercedes-Benz AG, BMW Group, Dr.-Ing. h. c. F. Porsche AG, VW Group und Audi AG.

Zeitungen und Zeitschriften

Aachener Nachrichten, Auto Focus, auto motor und sport, Auto Zeitung, Automobilwoche, Automotive News Europe, Business Week, Capital, DM Euro, Frankfurter Allgemeine Zeitung, Financial Times, Handelsblatt, Impulse, ManagerMagazin, MOT, Vwd, Wall Street Journal, Welt am Sonntag, WirtschaftsWoche.

Artikel und Bücher

Akerlof, George A.: The Market for Lemons: Quality Uncertainty and the Market Mechanism, in: *Quarterly Journal of Economics*, August 1970, 84 (3), S. 488–500

Audi AG, Audi Tradition (Hrsg.): *Das Rad der Zeit – Die Geschichte der Audi AG*, Delius Klasing, 3. Auflage, Bielefeld 2000

Audi AG, Audi Tradition (Hrsg.): *Die Geschichte der Audi Markenzeichen*, Delius Klasing, Bielefeld 2002

DaimlerChrysler: *Chronik 1883–1998*, 3., überarb. und erw. Auflage, Stuttgart 2000

Deutsche Automobil Treuhand und Vedool: *DAT-Veedol-Report* 2003

Drucker, Peter: *Die Praxis des Managements*, Econ, Düsseldorf 1998, (Titel der Originalausgabe: *The Practice of Management*, Harper & Row, New York 1954)

Jungbluth, Rüdiger: *Die Quandts – Ihr leiser Aufstieg zur mächtigsten Wirtschaftsdynastie Deutschlands*, Campus Verlag, Frankfurt a. M. 2002

Lewandowski, Jürgen: *BMW*, Delius Klasing, Bielefeld 2003

Mönnich, Horst: *BMW – Eine deutsche Geschichte*, Piper Verlag, überarbeitete Neuausgabe, München 1993

Peters, Thomas J./Waterman, Robert H.: *Auf der Suche nach Spitzenleistungen*, 8. Auflage, mvg, Landsberg am Lech 2000, (Titel der Originalausgabe: *In Search of Excellence*, Harper & Row, New York 1982)

Piëch, Ferdinand: *Auto.Biographie*, Hoffmann und Campe, Hamburg 2002

Porter, Michael E.: *Wettbewerbsstrategien – Methode zur Analyse von Branchen und Konkurrenten*, 10. Auflage, Campus Verlag, Frankfurt a. M. 1999, (Titel der Originalausgabe: *Competitive Strategy*, The Free Press, New York 1980)

Porter, Michael E.: *Wettbewerbsvorteile – Spitzenleistungen erreichen und Verteidigen*, 6. Auflage, Campus Verlag, Frankfurt a. M. 2000, (Titel der Originalausgabe: *Competitive Advantage*, The Free Press, New York, 1985)

Reitzle, Wolfgang: *Luxus schafft Wohlstand*, Rowohlt, Reinbek 2001

Richter, Rudolf: *Institutionen ökonomisch analysiert*, UTB, Stuttgart 1994

Rosengarten, Philipp: *The Characteristics, Outcomes and Sources of the Learning Organization: The Case of Car Component Suppliers in Britain*, Masters Thesis, London School of Economics (LSE) 1999

Viehöver, Ulrich: *Der Porsche Chef*, Campus Verlag, Frankfurt a. M. 2003

Womack, James P./Jones, Daniel T./Roos, Daniel: *Die zweite Revolution in der Autoindustrie*, Campus Verlag, Frankfurt a. M. 1991, (Titel der Originalausgabe: *The Machine That Changed the World*, Rawson Associates, New York 1990)

Winter, Stephanie: *Die Porsche Methode*, Wirtschaftsverlag Carl Ueberreuter, Frankfurt a. M. 2000

Register

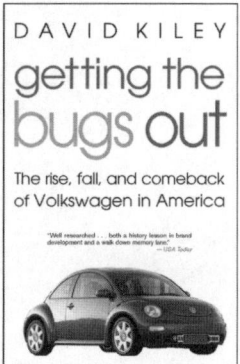